ऊर्जा विज्ञान की कहानी

ऊर्जा विज्ञान की कहानी

ताप भौतिकी और और्जिकी के विश्वविख्यात विद्वान की

मूल कृति का सरल-सुबोध अनुवाद

सम्पादक

डॉ. आर.के. नाम्बियान

अनुवादक

देवेन्द्र पी. वर्मा

वाणी प्रकाशन

वाणी प्रकाशन

'लोगो' वाणी प्रकाशन : मक़बूल फ़िदा हुसेन

वाणी प्रकाशन, 4695, 21-ए, दरियागंज, नयी दिल्ली-110002

वाणी प्रकाशन, अशोक राजपथ (पटना कॉलेज के सामने), पटना (बिहार)

URJA VIGYAN KI KAHANI

edited by Dr. R.K. Nambian

Science

ISBN : 81-8143-025-5

प्रथम संस्करण : 2003

द्वितीय संस्करण : 2010

मूल्य : 200/-

वाणी प्रकाशन

फोन : 0091#11#23273167, फोन व फैक्स 23275710

वेबसाइट : www.vaniprakashan.in

ई-मेल : vaniprakashan@gmail.com

आर.टेक ऑफसेट द्वारा दिल्ली-110095 में मुद्रित

विषय-सूची

इस पुस्तक के बारे में

लोकोपयोगी विज्ञान विश्वकोश माला की यह प्रस्तुति विज्ञान (और्जिकी) से संदर्भित है। इसके मूल लेखक ताप भौतिक एवं ऊर्जा विज्ञान के रूसी विद्वान ब्लादीमिर किरीसिन हैं।

आदिमानव ने जब पत्थर से पत्थर रगड़कर पहले-पहल आग का अविष्कार किया तब उसे क्या पता था कि आग के बहाने वह एक ऐसी अदृश्य शक्ति का आविष्कार कर रहा है जिसे लाखों वर्ष बाद ऊर्जा के नाम से जाना जाएगा और ऊर्जा विज्ञान नाम से उसका एक विज्ञान विकसित होगा। यह दीगर बात है कि तार्किक रूप से अविकसित आदि मानव को उस अदृश्य शक्ति ऊर्जा की जानकारी नहीं थी, लेकिन ऊर्जा ने अपना काम उसी दिन शुरू कर दिया था जब उसने हिम युग से ठिठुरते आदमी को गर्मी के जरिये राहत पहुंचाई और जमाने से कच्चा मांस खाकर गुजर-बसर कर रहे आदमी के मुंह में आग में पके हुए मांस का स्वाद घुलाया। पत्थर युग को पार कर इसी ऊर्जा के जरिये मनुष्य धातु युग में पहुंचा और धातुओं को आग से जला कर अपने उपयोग की नाना विध वस्तुएं बनाना सीखा। फिर भी बहुत दिनों तक—लाखों सालों तक आदमी आग और पानी को एक-दूसरे का दुश्मन ही मानता रहा। उसे नहीं पता था कि आग पर खौलते पानी से जो धुआं-धुआं-सी भाप निकलती है वह कितनी करिश्माई है। अठारहवीं सदी में जब भाप के करिश्माई स्वभाव का पता चला तो मशीनी युग में क्रांति सी हो गई। पहले सारी मशीनें हाथ से चलती थीं, अब भाप से चलने लगीं। भाप के इंजन से रेलगाड़ी चलने लगी। विज्ञान की इस विकास यात्रा का चरम क्षण तब आया जब आग और भाप से आगे जाकर विज्ञानी मानुष ने विद्युत शक्ति का आविष्कार किया। वैद्युत आवेशों और उनसे संसग्न विद्युत्चुंबकीय क्षेत्रों का यह सामूहिक रूप जब सामने आया, तो यह ऊर्जा विज्ञान अथवा और्जिकी के विकास

का सर्वाधिक स्वर्णिम क्षण था।

प्रस्तुत पुस्तक में ऊर्जा के जन्म और विकास के विविध सोपानों के साथ साथ, उसके विभिन्न रूपों और स्रोतों की विस्तृत जानकारी दी गई है। यह भी बताया गया कि मानव जीवन की दैहिक आवश्यकताओं और दुनिया की यांत्रिक प्रगति के लिए आज ऊर्जा का कितना महत्व है और उसके उत्पादन, आपूर्ति और व्यय के बीच कितना अधिक अंतर है। विद्वान लेखक ने वर्षों के अध्ययन और अनुभव के बाद इसे विज्ञान के जिज्ञासु सामान्य और विशिष्ट पाठकों के ज्ञानवर्धक हेतु सरल और रोचक शैली में लिखा है। प्रस्तुत हिंदी अनुवाद में भी मूल पुस्तक की इस विशिष्टता को अक्षुण्ण रखने की पूरी कोशिश की गई है।

—संपादक

परिचय

आधुनिक समाज के भौतिक आधार के विकास में और्जिकी और विद्युकरण बहुत बड़ी भूमिका निभाते हैं। व्ला. इ. लेनिन ने सोवियत राज्य की स्थापना के समय से ही इस बात पर बल दिया था; वे देश की अर्थ-व्यवस्था के सफल विकास का आधार विद्युकरण को ही मानते थे।

विद्युकरण अर्थ-व्यवस्था के विकास के लिए इतना महत्त्वपूर्ण क्यों है?

आज का आदमी बचपन से इस बात को समझने लगता है कि विद्युत और विद्युत-ऊर्जा उसके जीवन को सुगम बनाती है; विद्युत की बदौलत ही उसका जीवन रोचक, आरामदेह और संपन्न होता है।

विज्ञान और प्रविधि की प्रगति और्जिकी और विद्युकरण के विकास पर ही निर्भर करती है। श्रम की उत्पादनशीलता बढ़ाने के लिए उत्पादन-प्रक्रियाओं का यंत्रीकरण व स्वचालन, और शारीरिक श्रम (विशेष कर कठिन तथा ऊबाऊ श्रम) की जगह मशीनों का प्रयोग बहुत महत्त्व रखता है।

यंत्रीकरण और स्वचालन के अधिकांश तकनीकी साधन (संयंत्र, उपकरण, कंप्यूटर) का आधार विद्युत ही है।

लेकिन विद्युत-ऊर्जा की ही माँग क्यों इतनी तेजी से बढ़ती जा रही है, इससे क्या विशेष फायदे हैं?

वैद्युत ऊर्जा का उपयोग व्यापक है। इसे बिल्कुल भिन्न उद्देश्यों के लिए काम में लाया जा सकता है। विद्युत को ताप में परिणत करना विशेष रूप से सरल है। यह प्रकाश के वैद्युत स्रोत—बल्ब—में देख सकते हैं : विद्युत-धारा टंग्स्टन के महीन तार से गुजरती हुई उसे 2100-2600°C तापक्रम तक गर्म कर देती है और वह प्रकाशमान हो उठता है। धातुकर्मी भट्ठियों और विभिन्न तापदायक उपकरणों में भी विद्युत-ऊर्जा ताप में परिणत होती है।

विद्युत-ऊर्जा का वैद्युत-चलित्रों (मोटरों) में विशेष विस्तृत उपयोग हैं। बिजली-मशीनों की शक्ति का परास बहुत बड़ा है—वाट के कुछ अंशों से (जो सूक्ष्मचलित्रों में प्रयुक्त होता है) दसियों लाख किलोवाट तक (जैसे विद्युकेंद्रों के जनित्रों में)।

विद्युत-ऊर्जा का संचार भी बहुत सरल है। विद्युकेंद्र से, जहाँ उसका उत्पादन होता है, छोटी-बड़ी सभी दूरियों पर सभी उपभोक्ताओं तक उसे तारों के सहारे भेजा जा सकता है।

और्जिकी या, जैसा कि अक्सर कहते हैं, इंधनोर्जी संकुल का सभी देशों में तेजी से विकास किया जा रहा है। क्रांतिपूर्व रूस में विद्युत-ऊर्जा का उत्पादन प्रति व्यक्ति सिर्फ 12.5kW\h था, 1980 में यह राशि 5300kW हो गया थी। वर्तमान समय में विद्युत-ऊर्जा के उत्पादन तथा सभी विद्युकेंद्रों की कुल क्षमता के अनुसार सोवियत संघ का विश्व में दूसरा स्थान है। यहाँ भी इंधनोर्जी संकुल का तेजी से विकास जारी है, उसका तकनीकी स्तर भी निरंतर ऊँचा किया जा रहा है।

और्जिकी : आज

थोड़ा-सा इतिहास : मानव-समाज जितना ही अधिक विकसित होता है, उसे ऊर्जा की उतनी ही अधिक आवश्यकता होती है।

सुदूर अतीत में आदमी ने ऊष्मा-प्राप्ति के लिए सरकंडे आदि जैसे वनस्पति-मूल वाले ईंधन का उपयोग शुरू किया। इससे वह ठंड से बचता था, खाना बनाता था, पानी गर्म करता था। मिट्टी की बनी वस्तुओं को पकाता था। बाद में इसी ईंधन का उपयोग वह धातु को प्राप्त करने और धातु से सामान बनाने में भी करने लगा। पनचक्की और पवन-चक्की के निर्माण से यांत्रिक ऊर्जा प्राप्त करने की शक्ति बढ़ी।

वाष्प से चालित मशीनों का आविष्कार 18वीं शती की एक बड़ी घटना थी। यह ईंधन के जलने से बनी तापीय ऊर्जा से बड़े पैमाने पर यांत्रिक ऊर्जा प्राप्त करने में सहायक हुआ। 18वीं शती का उत्तरार्ध वाष्पचालित मशीनों के विस्तृत उपयोग और उनके निरंतर सुधार का युग था। हस्तेन (हाथ से) उत्पादन से मशीनी उत्पादन में संक्रमण, जो औद्योगिक क्रांति के नाम से प्रसिद्ध है, वाष्प-चालित मशीनों की ही सहायता से हुआ था। इनका उपयोग कारखानों, और यातायात के साधनों में लगातार बढ़ता जा रहा था। 19वीं शती के अंत में सभी वाष्पचालित मशीनों की कुल क्षमता 12 करोड़ hp (882 लाख kW तक पहुँच गयी थी।

बहुत उच्च शक्ति वाले चलित्रों की आवश्यकता के कारण 20वीं शती में वाष्प-चर्खियां आविष्कृत हुईं और वे प्रयोग में भी आने लगीं। अंतर्दाही पिस्टनी चलित्र 19वीं शती के उत्तरार्ध में ही प्रयुक्त होने लगा था। इसमें ईंधन-दाह चलित्र के भीतर एक खोखले बेलन में होता है। भार और आकार में अपेक्षाकृत कम होने के कारण धीरे-धीरे यह चलित्र यातायात में वाष्पचालित मशीनों का स्थान लेने लगा। सभ्यता के विकास में पिस्टनी वाष्प-चलित्र की भूमिका बहुत बड़ी रही है।

तकनीकी विकास में अगला महत्त्वपूर्ण कदम विद्युत का आविष्कार और उसका विस्तृत उपयोग था। वैद्युत संवृत्तियों की खोज धीरे-धीरे कई शताब्दियों तक होती रही, उनके व्यापकीकरण के प्रयास चलते रहे, विद्युत का एक सामान्य सिद्धांत बनाया गया। इनमें से मुख्य हैं: घर्षण से पिंडों का विद्युकरण (17वीं शती के आरंभ में);

वैद्युत आवेश और उनकी व्यतिक्रिया (18वीं शती में); वातावरणीय वैद्युत संवृत्तियाँ (18वीं शती के उत्तरार्ध में); विद्युत के रसायनिक स्रोत, विद्युत-धारा (18वीं शती के अंत में); वैद्युत व चुंबकीय संवृत्तियों के पारस्परिक संबंध का ज्ञान, विद्युचुंबकीय प्रेरण, वैद्युत और चुंबकीय क्षेत्र, प्रकाश की विद्युचुंबकीय प्रकृति, प्राथमिक वैद्युत आवेश-एलेक्ट्रोन (19वीं शती में)।

विद्युत क्या है? उत्तर में सभी एकमत नहीं हैं। यहाँ हम प्रसिद्ध रूसी वैज्ञानिक, सेर्गेई रीतव, की परिभाषा दे रहे हैं : विद्युत वैद्युत आवेशों और उनसे संलग्न विद्युचुंबकीय क्षेत्रों को कहते हैं। यहाँ दो अवधारणओं का नाम लिया गया है जिनसे विद्युत का बोध मिलता है—आवेश और विद्युचुंबकीय क्षेत्र।

वैद्युत आवेश सूक्ष्म हो सकते हैं या स्थूल। सूक्ष्म (प्राथमिक) आवेश द्रव्य के प्राथमिक कणों पर होते हैं, खासकर ऋणात्मक प्राथमिक आवेश--एलेक्ट्रोन में, और धनात्मक-प्रोटोन में। यह भी बता दें कि 'एलेक्ट्रोन' नाम 1891 में अंग्रेज वैज्ञानिक जे. स्टोनी ने सिर्फ प्राथमिक वैद्युत आवेश को दिया था। अब सभी जानते हैं कि इस नाम से ऋणाविष्ट प्राथमिक कण को पुकारा जाता है। स्थूल आवेश ऐसे पिंडों पर हो सकते हैं, जिनके आकार, द्रव्यमान आदि जैसे लंछक मान (विशेषता बताने वाले मान) प्रत्यक्ष रूप से नापे जा सकते हैं। ये पिंड असंख्य प्राथमिक कणों से बने होते हैं और भौतिकीविद इन्हें स्थूल जगत का विषय मानते हैं।

वैद्युत आवेशों के आविष्कार, वैद्युत प्रयोगों के विकास व विद्युत-धारा के रसायनिक स्रोतों (गैल्वेनिक बैटरियों) की खोज के परिणामस्वरूप वैद्युत विभव और विद्युत-धारा (तार में वैद्युत आवेशों की लंबे समय तक की गति) जैसी अवधारणाओं का जन्म हुआ।

भौतिक क्षेत्र आधुनिक प्रकृति-विज्ञान की मूलभूत धारणाओं में से एक है; विद्युचुंबकीय क्षेत्र इसी का एक प्रकार है। भौतिक क्षेत्र और कुछ नहीं, पदार्थ के अस्तित्व का एक विशेष रूप है। इस निष्कर्ष पर विज्ञान तीन सौ वर्ष से अधिक लंबी बहस के बाद पहुँचा है, जिसकी शुरुआत डेकार्ट और न्यूटन के जमाने से हुई थी।

विद्युचुंबकीय क्षेत्र संबंधी मुख्य धारणाओं को 19वीं सदी में फैराडे और मैक्सवेल जन्म दे चुके थे (यद्यपि दोनों ही ईश्वर के अस्तित्व में विश्वास रखते थे)। आधुनिक विज्ञान के अनुसार कणों और यांत्रिक व्यूहों की तरह विद्युचुंबकीय क्षेत्र भी ऊर्जा, गतिमात्रा (आवेग) तथा गतिमात्रा का आघूर्ण रखता है। क्षेत्र भी कणों और स्थूल पिंडों के साथ ऊर्जा, गतिमात्रा और गतिमात्रा के आवेग का आदान-प्रदान कर सकता है। इस स्थिति में इन राशियों के संरक्षण के नियम क्षेत्र, कणों और स्थूल पिंडों से बने पूरे असंपृक्त व्यूह पर लागू होंगे।

विद्युचुंबकीय क्षेत्र व्योम में सीमित वेग से ही प्रसरण कर सकता है। इस संवृति

को विद्युचुंबकीय तरंग कहते हैं। ज्ञात है कि प्रकाश और कुछ नहीं, 0.1–1μm लंबाई की विद्युचुंबकीय तरंगें हैं।

प्रविधि में विद्युत के विस्तृत उपयोग का आरंभ 19वीं शती के मध्य से माना जा सकता है। विद्युचुंबकीय प्रेरण के आविष्कार के बाद से विद्युचलित्र, और धारा के जनित्र बनने लगे, जिनका आधार यांत्रिक ऊर्जा का वैद्युत ऊर्जा में रूपांतरण है। इसके साथ-साथ सुधरे हुए रूप में दूरलेखी (टेलीग्राफ) उपकरण, प्रकाशदायक उपकरण, विद्युविश्लेषक उपकरण आदि अनेकानेक अन्य वस्तुएं भी बनने लगीं।

आज के दिन : सभ्यता में विकास के साथ-साथ ऊर्जा के उपभोग में तीव्रता से वृद्धि होती है, विशेषकर तापीय, यांत्रिक और वैद्युत ऊर्जा के उपभोग में। अंतिम का अनुपात सालों-साल बढ़ रहा है।

1975 में विश्व के सभी देशों ने मिल कर आद्य ऊर्जा-स्रोतों की जिस मात्रा का उपभोग किया, वह एक विशाल संख्या द्वारा व्यक्त होती है : 78.10^{12} kW.h अर्थात् 780 खरब किलोवाट घंटा। आद्य ऊर्जा-स्रोतों से तात्पर्य है–जैव ईंधन, जलीय और परमाणुक ऊर्जा तथा कुछ अन्य, जैसे सौर ऊर्जा, पवन तथा सागर के ज्वार की ऊर्जा, भूतापीय (ज्यातापीय) ऊर्जा।

इसमें से आधे से अधिक ऊर्जा का उपयोग ऊष्मा के रूप में तकनीकी आवश्यकताओं की पूर्ति करने, खाना बनाने और तापन में होता है : बाकी भाग यांत्रिक (मुख्यतः यातायात के साधनों में) और वैद्युत ऊर्जा के रूप में इस्तेमाल होता है। तापीय ऊर्जा का दूसरे सभी प्रकार की ऊर्जाओं में रूपांतरण और इसके विलोम के बीच मौलिक अंतर है। इसके बारे में हम सविस्तार आगे चल कर देखेंगे। यहाँ इतना बता दें कि 1kJ ताप प्राप्त करने के लिए 1kJ यांत्रिक या वैद्युत ऊर्जा काफी होती है। पर 1kJ यांत्रिक या वैद्युत ऊर्जा प्राप्त करने के लिए 1kJ से कहीं अधिक ताप की आवश्यकता होती है।

दुनिया भर के विशेषज्ञों पूर्व अनुमान के अनुसार ऊर्जा का उपभोग और भी बढ़ा है। 1980 से 2000 के बीच 20 वर्ष में वह करीब दुगुना हो हो गया है।

हम बता चुके हैं कि और्जिकी के विकास में सोवियत संघ ने बहुत बड़ी सफलता हासिल की। द्वितीय महायुद्ध के बाद उसका विकास विशेष तीव्रता से हुआ। जैव मूल के ईंधन (कोयला, प्राकृतिक गैस, पेट्रौल के संसाधन से प्राप्त अपेक्षाकृत सस्ते उत्पादों, दहनशील शिला-तेल व दलदल में सड़े वनस्पतियों से बने पीट) से चलने वाले तापीय विद्युकेंद्रों (ताविकों) के निर्माण में तेजी आयी; उनके आर्थिक व तकनीकी सूचकांकों (जैसे विद्युत-ऊर्जा के उत्पादन-मूल्य, ताविक-निर्माण में खर्च आदि) में सुधार हुआ, जिसके कारण निम्न हैं–ताविक के वाष्पित्र, चर्खी, वैद्युत जनित्र, धारा-रुपांतरक जैसे मुख्य भागों की शक्ति में वृद्धि; वाष्पित्र में बनने वाले तथा चर्खी पर प्रयुक्त होने वाले वाष्प के दाब और तापक्रम में वृद्धि; वैद्युत व तापीय ऊर्जाओं के सहोत्पादन

का प्रचार, अर्थात् तापविद्युत-सहोत्पादन-केंद्रों (ताविसों) का निर्माण, जो विशेष रूप से लाभकर हैं; ताविकों की मुख्य तकनीकी प्रक्रियाओं का स्वचालन; और ताविकों के कार्य की विश्वसनीयता में उन्नति।

वर्तमान समय में रूस में काफी बड़ी शक्ति के कई ताविक काम कर रहे हैं, जिनमें से दो यूरोप में सबसे बड़े माने जाते हैं। ये जापरोजये और उग्लेगोर्स्क में बनाये गये हैं और इनमें से प्रत्येक की शक्ति 36 लाख kW है। एक नया ताविक बन रहा है, जो कांस्को-आचिंस्क स्थित खान के कोयले से चलेगा; इसकी शक्ति 64 लाख kW होगी।

युद्धोत्तर वर्षों में शक्तिशाली जल-विद्युकेंद्रों (जविकों) का व्यापक रूप से निर्माण हुआ—पहले वोल्गा नदी पर, फिर साइबेरिया की नदियों (अंगारा, येनिसेई आदि) पर। विश्व के सबसे बड़े जविक निर्मित हुए: अंगारा पर ब्रात्स्क में (40 लाख kW से अधिक शक्ति वाला)। येनिसेई पर क्रास्नोयार्स्क में (60 लाख kW शक्ति वाला)। विश्व के सबसे शक्तिशाली जविक का निर्माण-कार्य सायानो-शूशेंस्क में खत्म होने जा रहा है। बन चुकने पर इसकी शक्ति 65 लाख kW होगी। परमाणुक और्जिकी का जन्म और तीव्र विकास भी इसी अवधि से संबंधित है।

दुनिया के सभी देशों के परमाणुक विद्युकेंद्रों (परविकों) की कुल शक्ति 1980 में 10 करोड़ kW से अधिक थी। सोवियत संघ में एक बार में 10 लाख kW और इससे अधिक शक्ति देने वाले नाभिकीय रिएक्टरों से सज्जित विद्युकेंद्रों का निर्माण तेजी से हो रहा है। विभिन्न प्रकार के विद्युकेंद्रों के निर्माण-कार्य के अतिरिक्त जैव इंधन के नये भंडारों की खोज और उनके उपयोग, पुराने काम आ रहे भंडारों के विकास और सभी विद्युकेंद्रों को एक संपूर्ण प्रणाली में बांधने के साथ-साथ अन्य दिशाओं में भी बड़े-बड़े कदम उठाये जा रहे हैं, जो भावी और्जिकी के लिए आज महत्त्वपूर्ण लग रहे हैं।

तापीय विद्युकेंद्र (ताविक) तापीय ऊर्जा के रूपांतरण, जैसे ऊष्मा के यांत्रिक ऊर्जा में परिवर्तन, से संबंधित सभी प्रक्रियाएँ ऊपर से नितांत सरल लगती हैं, पर गौर से अध्ययन करने पर बहुत सारे प्रश्न उभरने लगते हैं, जिनका उत्तर गहन ज्ञान के बिना नहीं दिया जा सकता है।

ताविक के कार्य-सिद्धांत को देखें (चित्र पृ. 20 पर)। इंधन और आक्सीकारक (यह काम अक्सर गर्म हवा करती है) भट्ठी में अविराम आते रहते हैं। इंधन के रूप में अक्सर कोयले का उपयोग होता है, पर सस्ते इंधन के रूप में शिलातेल का भी इस्तेमाल होता है (शिला-तेल महीन समतल परतों से बनी अवसादी शिला को कहते हैं; इसमें हाइड्रोकार्बन विसरित रहते हैं, जिसे गर्म करके पैराफीन व अन्य खनिज तेलों में आसवित किया जा सकता है)। प्राकृतिक गैस व अपशिष्ट तेल का उपयोग अब भी काफी है (पेट्रोलियम में से बेंजीन, किरासी व अन्य हल्के अवयवों को आसवित

कर लेने पर बचा हुआ अवसाद अपशिष्ट तेल कहलाता है)। पर यह बिल्कुल साफ है कि प्राकृतिक गैस और खास कर अपशिष्ट तेल का उपयोग धीरे-धीरे कम हो जायेगा, क्योंकि प्राकृतिक गैस, पेट्रोलियम (कच्चा तेल) व इसके संसाधन के बाद बचे अपशिष्ट इतने कीमती उत्पाद हैं कि इनका उपयोग भट्ठी में जलावन की तरह नहीं किया जा सकता (ऊर्जात्मक वाष्पित्रों के लिए व्यावहारिकतः कोई भी इंधन काम में लाया जा सकता है, जबकि हवाई जहाज, मोटर-कार, डीजल इंजन, ट्रैक्टर आदि के अंतर्दाही चलित्रों के लिए सिर्फ विशेष प्रकार के इंधन प्रयुक्त हो सकते हैं)। अब तो इस रूप में पीट का भी उपयोग साल व साल घटता जा रहा है, क्यों यह एक उत्तम खाद है और जमीन की संरचना पर बहुत अनुकूल प्रभाव डालता है।

इंधन के जलने से बनी उष्मा वाष्पित्र में स्थित पानी को वाष्प में परिणत करती हैं, जिसका तापक्रम लगभग 550^0C होता है। इससे भी अधिक तापक्रम वाला वाष्प प्राप्त किया जा सकता है, क्योंकि वाष्प का आरंभिक तापक्रम ऊँचा होने पर ताविक का दक्षता-गुणांक बढ़ता है (दक्षता-गुणांक ताविक से प्राप्त वैद्युत ऊर्जा और इंधन जला कर खर्च की गयी तापीय ऊर्जा के अनुपात को कहते हैं)। पर वास्तविकता में इससे कोई लाभ नहीं होता, हानि ही होती है। वाष्प का तापक्रम 550^0C से अधिक होने पर संयंत्र के अधिक जिम्मेदारी वाले कल-पुर्जों पर यांत्रिक बोझ के साथ-साथ तापक्रम का बोझ भी बढ़ जाता है; वे टिके रहें, इसके लिए उन्हें उच्च कोटि के महंगे इस्पात से बनाना पड़ता है। दक्षता-गुणांक में वृद्धि धातु पर हुए अतिरिक्त खर्च को पूरा नहीं करती। इसीलिए कम से कम वर्तमान समय में वाष्प का आरंभिक तापक्रम 550^0C या अक्सर सिर्फ 540^0C तक सीमित रखते हैं।

वाष्पित्र में से जल-वाष्प चर्खी में पहुँचता है, जिसका काम तापीय ऊर्जा को वैद्युत ऊर्जा में रूपांतरित करना है। चर्खी के सभी घूर्णनशील भाग मजबूती से डंडेनूमा अक्ष (धुरी) के साथ जुड़े रहते हैं और उसके साथ ही घूर्णन करते हैं। चर्खी की धुरी वैद्युत जनित्र की धुरी के साथ संलग्न होती है, जिसके कारण दोनों ही साथ-साथ घूर्णनरत होते हैं।

चर्खी का घूर्णन जनित्र को प्रदान करने के लिए आगे-पीछे गति करने वाले पिस्टन का प्रयोग नहीं किया जाता है, इसीलिए जानुवत दंड और इसे पिस्टन के साथ संलग्न करने वाले योजक दंड आदि जैसे पुर्जों की जरूरत नहीं पड़ती। वाष्प-चर्खी वाष्पचालित पिस्टनी मशीनों की अपेक्षा इसी दृष्टिकोण से अधिक फायदेमंद है।

चर्खी में तापीय ऊर्जा को यांत्रिक ऊर्जा में रूपांतरित करने की विधि निम्न है (दे चित्र, पृ. 21)। उच्च दाब व तापक्रम पर वाष्प अपने साथ विशाल मात्रा में तापीय ऊर्जा लिए हुए वाष्पित्र से चर्खी के समीपस्थ टोंटियों में प्रविष्ट होता है। टोंटियाँ धुरी के साथ घूर्णन नहीं करती, ये धातु की अचल जड़ी हुई नलियाँ हैं, जिनमें

ताविक का सरलीकृत आरेख।
1. वैद्युत जनित्र; 2. वाष्प-संघनित्र;
3. पोषक पंप; 4. शीतकारी जल के लिए पंप;
5. वाष्प पुनरोष्मक; 6. वाष्पित्र;
7. वाष्प-चर्खी।

वाष्प का दाब व तापक्रम घटने लगता है; और इसीलिये वाष्प की तापीय ऊर्जा भी घट जाती है, पर इसी कारणवश वाष्प की प्रवाह-गति का वेग बढ़ जाता है। अन्य शब्दों में, तापीय ऊर्जा घटने से वाष्प की यांत्रिक (गतिज) ऊर्जा बढ़ जाती है।

टोंटी से निकलने वाले वाष्प की धार का वेग बहुत अधिक होता है, अक्सर ध्वनि के वेग से भी अधिक। टोंटी से अविराम निकलती हुई धार चर्खी (टर्बाइन) के काजकर पंखुड़ों पर चोट करती रहती हैं; पंखुड़ चर्खी की चकती से अचल जुड़े होते हैं और चकती—धुरी से। फलस्वरूप धुरी, चकती और पंखुड़ सब एक साथ घूर्णनरत होते हैं। घूर्णन का वेग बहुत बड़ा होता है, अक्सर 3000 चक्कर प्रति मिनट के बराबर।

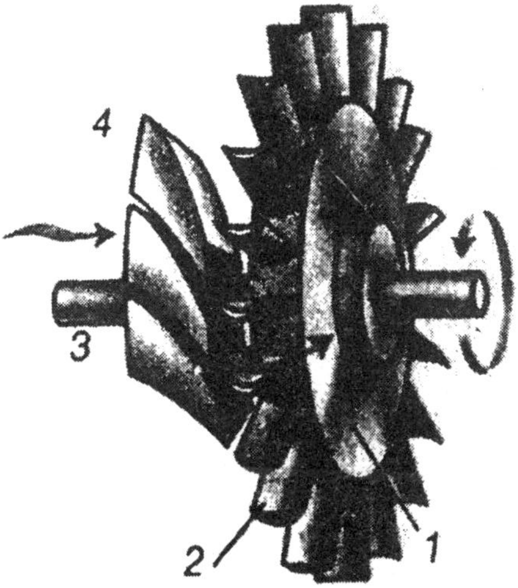

वाष्प-चर्खी में तापीय ऊर्जा के यांत्रिक ऊर्जा में रूपांतरण की विधि।
1. चर्खी की चकती; 2. काजकर पंखुड़ियां;
3. धुरी; 4. टोंटियां।

कई चर्खियों की बनावट ऐसी होती है कि उनमें पंखुड़ों पर वाष्प के दाब और तापक्रम बदलते नहीं हैं और कुछ ऐसी चर्खियां होती हैं, जिनमें पखुड़ों पर भी वाष्प के दाब और तापक्रम का घटना जारी रहता है। पर वाष्प के प्रवाह का वेग, उसकी यांत्रिक (गतिज) ऊर्जा हमेशा ही कम हो जाती है। ऊर्जा-रूपांतरण का रहस्य यही है। टोंटियां वक्र होती हैं। वाष्प की धारा वक्र नाल में बहती है, इसलिए उसका वेग मान और दिशा में बदलता रहता है। अपकेंद्री बल के कारण वाष्प पंखुड़ों के अवतल पृष्ठ पर दबाव डालता है और पंखुड़ियां चकती व धुरी समेत घूर्णनरत हो जाती हैं; स्पष्ट है कि इनके साथ रोटर भी घूमने लगता है (घूर्णन की दिशा पृ.

21 के चित्र में तीरों द्वारा दिखायी गयी है)। इस प्रक्रिया में वाष्प के प्रवाह की यांत्रिक ऊर्जा चर्खीजनित्र के रोटर की यांत्रिक ऊर्जा में परिणत हो जाती है; क्योंकि चर्खी और विद्युजानित्र की धुरियाँ परस्पर संलग्न हैं।

यह सोचना गलत होगा कि रोटर के घूर्णन का कारण पंखुड़ों के पृष्ठ पर वाष्प की धार की चोट है। इसके विपरीत, इंजिनियर हर तरह से कोशिश करते हैं कि वाष्प की धार टोंटी से निकलते ही पंखुड़ों पर सीधी टक्कर न मारें, क्योंकि टक्कर के कारण ऊर्जा की हानि और दक्षता-गुणांक में कमी होती है।

ताविकों के लिए बनी आधुनिक वाष्प-चर्खियां काफी हद तक श्रेष्ठ, क्षिप्र और मितव्ययी मशीनें हैं और उनकी कार्य-क्षमता और भी बढ़ायी जा सकती है। एक धुरी के कार्य से 12 लाख kW शक्ति प्राप्त होती है, पर यह कोई अंतिम सीमा नहीं है। ऐसी मशीनें हमेशा बहुचरणी होती हैं, प्रत्येक में दसियों चकतियाँ होती हैं, उनमें से प्रत्येक की अपनी पंखुड़ियाँ होती हैं और प्रत्येक के पास टोंटियों के उतने ही समूह होते हैं, जिनसे वाष्प की धार निकलती है। वाष्प के दाब और तापक्रम क्रमशः कम होते जाते हैं।

विद्युजनित्र में यांत्रिक ऊर्जा वैद्युत ऊर्जा में रूपांतरित होती है। वाष्प-चर्खी के बाद जल-वाष्प का तापक्रम करीब 25°C और दाब करीब 0.04bar या वातावरणीय दाब के इतने ही अंश के बराबर रह जाता है और वह संघनित्र में आता है (दे. पृ. 20 पर चित्र)। संघनित्र में स्थित नलियों में पंप की सहायता से शीतकारी जल बहता रहता है, जिससे ठंडा हो कर वाष्प पानी बन जाता है और एक दूसरे पंप की सहायता से पुनः वाष्पित्र में पहुँच जाता है। चक्र फिर से शुरू होता है।

ध्यातव्य है कि शीतकारी जल की मात्रा संघनित होने वाले वाष्प की मात्रा से दसियों गुनी अधिक होनी चाहिए। यह एक छोटे-से कलन द्वारा देखा जा सकता है। 1kg जल-वाष्प को जल में परिणत करने के लिए उसमें से कम से कम वाष्पन के गुप्त ताप के बराबर ऊष्मा दूर करनी पड़ती है। जल-वाष्प के लिए यह राशि 0.04bar दाब पर करीब 600kcal प्रति किलोग्राम होती है। पर 1kg शीतकारी जल करीब 10°C गर्म किया जा सकता है (जाड़ों में इससे कुछ अधिक और गर्मियों में—कुछ कम) (और इसमें 10kcal ऊष्मा खर्च होती है—अनु.)। इस प्रकार 1kg वाष्प को संघनित करने के लिए करीब 60kg शीतकारी जल चाहिए।

यही कारण है कि ताविक विशाल जल-स्रोतों के पास ही बनाये जाते हैं। ताविकों की सार्थकता (अर्थसंगतता), उनका दक्षता-गुणांक, वर्त्तमान समय में 0.4 या 40% है। इसका मतलब है कि इंधन जलाने से प्राप्त कुल ऊष्मा का सिर्फ 40% अंश वैद्युत ऊर्जा में परिणत होता है और बाकी 60% हम खो देते हैं (इसका क्षेप हो जाता है)।

तापीय ऊर्जा की विशेषताएँ—विज्ञान और अनुभव बताते हैं कि हाथ आयी

तापीय ऊर्जा को उसके यांत्रिक, वैद्युत या किसी अन्य रूप में पूरा का पूरा परिणत कर देना असंभव है। पर इसके विपरीत, अन्य सभी ऊर्जा-रूपों को तापीय रूप में परिणत करने में कोई बाधा नहीं है। क्या रहस्य है? तापीय ऊर्जा अन्य ऊर्जा-रूपों से कोई मौलिक अंतर तो नहीं रखती?

इस प्रश्न का जवाब पाने के लिए फ्रांस के प्रतिभाशाली वैज्ञानिक सादिक कार्नो (1796-1832) को स्मरण करें। 1824 में उन्होंने अपने खर्च से एक उत्कृष्ट रचना प्रकाशित की: "आग के गतिकारी बल और इस बल को उत्पन्न करने वाले मशीनों के बारे में मनन"। उन्होंने एक महत्त्वपूर्ण बात कही कि, ताप से यांत्रिक ऊर्जा प्राप्त करने के लिए तापक्रमों में अंतर होना आवश्यक है। कार्नो तापीय संवृत्तियों की व्याख्या ऊष्मा की परिकल्पना द्वारा कर रहे थे, जो उस समय प्रचलित थी। इस परिकल्पना के अनुसार ताप 'ऊष्मा' नामक एक काल्पनिक, भारहीन, अनश्वर और अजन्मा द्रव है; एक पिंड से दूसरे पिंड में इसके बहने से ताप का संक्रमण होता है। इसीलिए कार्नो मानते हैं कि यांत्रिक ऊर्जा के उत्पादन में पिंड द्वारा प्राप्त एवं प्रदत्त ताप-मात्राएँ बराबर होती हैं। यांत्रिक ऊर्जा इसलिए प्राप्त होती है कि ताप (ऊष्मा; कार्नो के अनुसार) अधिक ऊँचे तापक्रम से निम्न तापक्रम की ओर बहता है और पानी की तरह ही अधिक ऊँचे स्तर से नीचे आते समय यांत्रिक (गतिज) ऊर्जा उत्पन्न करता है।

कार्नो के अनुसार ताप अपने-आप सिर्फ अधिक गर्म पिंड से कम गर्म पिंड की ओर जा सकता है। जब कम गर्म पिंड से अधिक गर्म पिड की ओर ताप वहन करना होता है, तब यांत्रिक ऊर्जा नहीं मिलती; उलटा उसे खर्च करना पड़ता है। यह प्रक्रिया आजकल शीतकारी मशीनों में विस्तृत रूप से प्रयुक्त होती है।

ऊष्मा-सिद्धांत गलत साबित हो चुका है, पर कार्नो के उपरोक्त विचार तापप्रवेगिकी के द्वितीय नियम के सार के रूप में विज्ञान द्वारा अंगीकृत हैं। ताप-चलित्रों के सिद्धांत के विकास में उन्होंने बहुत बड़ी भूमिका निभायी है और उनका महत्त्व आज भी कुछ कम नहीं हुआ है।

आधुनिक विज्ञान की दृष्टि में तापीय ऊर्जा और कुछ नहीं, अतिसूक्ष्म कणों—अणुओं, परमाणुओं, एलेक्ट्रोनो आदि—की ऊर्जाओं का संकल (योग) है। अतएव, तापीय ऊर्जा की प्रकृति के बारे में आधुनिक दृष्टिकोण द्रव्य की छिन्न संरचना के विचार पर आधारित है, जिससे सभी सहमत हैं। (इस विचार के अनुसार द्रव्य की संरचना एकाश्म या सतत नहीं होती है, वह अलग-अलग कणों के सामीप्य से बना होता है)

उदाहरणतया, गैस में सूक्ष्मतम कण बेतरतीबी से गति करते रहते और उनमें से प्रत्येक की ऊर्जा उसके वेग (या यदि और सही कहें तो उसकी गतिज ऊर्जा) और दूसरे कणों के सापेक्ष उसकी स्थिति (उसकी स्थितिज ऊर्जा) द्वारा निर्धारित होती है। जैसा कि आस्ट्रियन भौतिकविद् लुडविग बोल्ट्समान ने बताया था, इस

गति के पीछे सिर्फ एक नियम होता है–किसी भी नियम की अनुपस्थिति।

गैस की तापीय ऊर्जा को गैस में उपस्थित सभी कणों की ऊर्जाओं को जोड़ कर ज्ञात करने की विधि उपरोक्त कथन के बाद बहुत कठिन-सी लगती है। विशेषकर यदि यह स्मरण करें कि एक ग्राम-अणु गैस, अर्थात् गैस के अणु-भार को व्यक्त करने वाली संख्या जितना ग्राम गैस, में करीब $6.02.10^{23}$ अणु होते हैं। इस संख्या को आवोगाद्रो की संख्या कहते हैं (इतालवी वैज्ञानिक आवोगाद्रो के नाम पर)। यह इतनी बड़ी है कि इसकी विराटता का अंदाज दिलाना मुश्किल है। इतना बता दें कि पृथ्वी से सूर्य की दूरी (करीब 1500 लाख km) को मिलिमीटर में व्यक्त करने पर प्राप्त संख्या ($1.5.10^{14}$mm) आवोगाद्रो की संख्या से 4 अरब गुनी कम होगी।

अणु कितने छोटे होते हैं और इकाई आयतन में उनकी संख्या कितनी बड़ी है, यह अंग्रेज भौतिकविद विलियम टामसन (केल्विन) के उदाहरण से अच्छी तरह देखा जा सकता है। उनका कहना था कि यदि एक गिलास पानी के प्रत्येक अणु को किसी तरह चिन्हित कर दिया जाये और फिर इस गिलास के पानी को महासागर में उंडल कर उसे अच्छी तरह हिलोर दिया जाये, तो विश्व के किसी भी समुद्र के किसी भी स्थान से एक गिलास पानी लेने पर उसमें करीब 100 (या और सही कहें तो, 90 से 110) ऐसे अणु मिल जाएँगे, जिन्हें हमने चिन्हित किया था।

इतना कठिन होने के बावजूद भी समस्या का हल मिल गया। यह सफलता भौतिकी के सांख्यिकीय भौतिकी नामक क्षेत्र की बहुत बड़ी उपलब्धि है। सांख्यिकीय भौतिकी द्रव्य को अतिसूक्ष्म संख्याओं का विराट संख्या में संकुल मान कर, अर्थात् द्रव्य की छिन्न संरचना को आधार मान कर संभाव्यता-सिद्धांत के नियमों का उपयोग करती है, जो उतना ही अधिक शुद्ध होते हैं, जितनी अधिक विचाराधीन वस्तुओं (अणुओं, परमाणुओं आदि) की संख्या होती है। यदि वस्तुओं की संख्या आवोगाद्रो की संख्या की कोटि की हो, तो ये नियम व्यावहारिकतः बिल्कुल शुद्ध होते हैं और अनेक महत्त्वपूर्ण प्रश्नों को हल करने में सहायक होते हैं; कम से कम तापीय ऊर्जा और तापीय प्रक्रियाओं के सार का सही बोध तो करा ही देते हैं।

अलग-अलग विधियों से लगभग एक ही जैसे, या कभी-कभी बिल्कुल समान समस्याओं का अध्ययन करने वाले ये दो विज्ञान-तापप्रवेगिकी और सांख्यिकीय भौतिकी–हमारे प्रश्न का उत्तर ढूँढ़ने में सहायक होते हैं। प्रश्न था: क्या तापीय ऊर्जा अन्य ऊर्जा-रूपों से किसी अत्यंत महत्त्वपूर्ण बात में भिन्न है?

हाँ, है। भिन्नता इस बात में ही कि तापीय ऊर्जा द्रव्य के अतिसूक्ष्म कणों की बेतरतीब, अव्यवस्थित गति का फल है, जबकि अन्य ऊर्जा-रूप सुव्यवस्थित गति के फल हैं।

सौ साल से अधिक समय बीत चुका है, जब भौतिकी के मूलभूत नियम की स्थापना की गयी थी। यह ऊर्जा के संरक्षण का नियम है, जिसके अनुसार ऊर्जा

को नष्ट नहीं किया जा सकता, उसे "कुछ नहीं" (अभावः) से उत्पन्न भी नहीं किया जा सकता; वह सिर्फ एक रूप से दूसरे रूप में संक्रमण कर सकती है।

20वीं शती के आरंभ में महान वैज्ञानिक-भौतिकविद् अलबर्ट आइंस्टाइन ने सापेक्षिकता-सिद्धांत को जन्म दिया। यह सिद्धांत दिक्काल (व्योम और समय) के व्यापक गुणों का नया चित्र देता है और यह सिद्ध करता है कि पिंड के वेग में परिवर्तन से उसके आकार में परिवर्तन होता है, समय के अंतराल बदलते हैं, और पिंड का द्रव्यमान उसमें संचित ऊर्जा के साथ समानुपाती होता है। अन्य शब्दों में, आइंस्टाइन ने स्थापित किया कि ऊर्जा और द्रव्यमान समतुलय हैं। इस विचार को और भी सरल करने के लिए कह सकते हैं कि पिंड या पिंडों के व्यूह के द्रव्यमान में 1g की कमी से $9.10^{13}J$ ऊर्जा उत्सर्जित होती है, जो 3000 टन बदानी इंधन (टबइ) की तापकारी क्षमता के बराबर हैं। (बदानी का अर्थ है बिना किसी स्पष्ट आधार के, यूँ ही सुविधा के लिए तय किया हुआ। बदानी इंधन एक इकाई है, जिसे तकनीकी व आर्थिक कलन के लिए अंगिकार किया गया है। इसकी सहायता से भिन्न प्रकार के जैव इंधनों के तापीय मूल्य की तुलना करते हैं। परिभाषानुसार यह ऐसा इंधन है, जिसक 1kg जलाने पर 7000kcal तापीय ऊर्जा प्राप्त होती है।)

अधिकतर स्थूलदर्शी प्रक्रियाओं में पिंड के द्रव्यमान-परिवर्तन की उपेक्षा की जा सकती है, पर नाभिकीय रूपांतरण में नहीं। नाभिकीय प्रक्रियाओं के विश्लेषण में एक विशेष शब्द का उपयोग होता है–द्रव्यमान में त्रुटि (द्रव्यमान-त्रुटि), जिसका अर्थ है नाभिकीय प्रतिक्रिया में द्रव्य के द्रव्यमान में कमी और इसके अनुरूप ऊर्जा में वृद्धि।

आइंस्टाइन का सापेक्षिकता-सिद्धांत व्योम, काल और गुरुत्वाकर्षण के बारे में इसाक न्यूटन के विचारों का विकास है।

आइंस्टाइन द्वारा स्थापित गति के नये नियम जब प्रकाश-वेग की तुलना में बहुत नन्हे वेगों पर प्रयुक्त होते हैं (याद दिला दें कि प्रकाश का वेग निर्वात में 3. 10^{8}m\s होता है), तब न्यूटन के नियमों का रूप धारण कर लेते हैं।

स्पष्ट है कि ऊर्जा-संरक्षण का नियम अन्य ऊर्जा-रूपों के साथ-साथ तापीय ऊर्जा पर भी पूरा-पूरा लागू होता है।

पर, जैसाकि ऊपर कह चुके हैं, तापीय ऊर्जा अन्य ऊर्जा-रूपों से महत्त्वपूर्ण भिन्नता रखती है, जिसका कारण यह है कि तापीय ऊर्जा का आधार द्रव्य के अतिसूक्ष्म कणों की अव्यवस्थित गति है। व्यवस्था को अव्यवस्था में बदलना आसान है, पर अव्यवस्था की व्यवस्था लाना बहुत कठिन है। ऊर्जा के सभी रूप आसानी से पूरी तरह तापीय ऊर्जा में परिणत हो जाते हैं, पर तापीय ऊर्जा दूसरे ऊर्जारूपों में हमेशा परिवर्तित नहीं होती; और पूर्ण रूप से तो कभी भी नहीं। तापीय ऊर्जा के दूसरे ऊर्जा-रूपों में परिवर्तित होने की शर्तें तापप्रवेगिकी के दूसरे नियम द्वारा निर्धारित होती हैं।

अतएव, ऊर्जा के संरक्षण का नियम, जिसका एक विशेष रूप प्रवेगिकी का प्रथम नियम है, तभी ऊर्जा-रूपों की एक-दूसरे में रूपांतरित होने की क्षमता स्थापित करता है। तापप्रवेगिकी का दूसरा नियम, जिसकी विवेचना सा. कार्नो ने ऊर्जा-संरक्षण का नियम सूत्रबद्ध होने के बहुत पहले की थी, तापीय ऊर्जा की एक महत्त्वपूर्ण विशेषता तथा अन्य रूपों में उसके रूपांतरण से संबंधित प्रतिबंधों को निर्धारित करता है।

तापप्रवेगिकी द्वारा स्थापित किया गया है कि तापीय ऊर्जा से यांत्रिक ऊर्जा प्राप्त करने के लिए तीन मुख्य तत्त्वों की आवश्वकता पड़ती है: अपेक्षाकृत उच्च तापक्रम वाला ताप-कुंड, निम्न तापक्रम वाला ताप-कुंड, और तथाकथित काजकर पिंड, जो निरंतर एक आवर्ती प्रक्रिया (या चक्र) संपन्न करता रहता है, जिसकी सहायता से तापीय ऊर्जा यांत्रिक ऊर्जा में परिणत होती रहती है।

आवर्ती प्रक्रिया पूरा होने के फलस्वरूप काजकर पिंड आरंभिक दशा में लौटता है। अतः यांत्रिक ऊर्जा काजकर पिंड के बुते नहीं उत्पन्न हो सकती: चक्र कितना ही बार क्यों न पूरा हो, समान बिंदुओं पर काजकर पिंड की अवस्था अपरिवर्तित रहती है। पिंड सिर्फ एक औजार का काम करता है, जिसकी मदद से ऊर्जा का रूपांतरण होता है। ऊर्जारूपांतरण-प्रक्रिया की अर्थसंगति सिद्धांततः काजकर पिंड के चयन पर निर्भर नहीं करती, पर व्यवहार में काजकर पिंड के गुण चक्र के दक्षता-गुणांक पर बहुत असर डालते हैं। अंतर्दाही चलित्रों (औटोमोबील, विमान, स्टीमर, डीजल-इंजन आदि) में काजकर पिंड के रूप में अधिकांशतः इंधन-दाह के उत्पादों का उपयोग होता है और ऊर्जीय तापशक्ति संयंत्रों में—जल-वाष्प का। कोलाम्ल (कार्बोनिक अम्ल, $H_2 CO_3$ तथा हीलियम का (मुख्यतः परविक में), फ्रेयन तथा अमोनिया का (शीतक संयंत्रों में) और कुछ अन्य वस्तुओं का बहुत कम उपयोग होता है। पर तापीय ऊर्जा से यांत्रिक ऊर्जा देने वाला मुख्यतः काजकर पिंड नहीं, बल्कि ताप-कुंड होते हैं, जिन्हें तापप्रवेगिकी में अक्सर ताप-स्रोत कहते हैं।

तापप्रवेगिकी के दूसरे नियम से निष्कर्ष निकलता है कि ताप-स्रोतों के तापक्रम अवश्य ही अलग-अलग होने चाहिए: एक का तापक्रम अधिक ऊँचा होना चाहिए (गर्म स्रोत का) और दूसरे (शीतल स्रोत) का—कम। गर्म स्रोत काजकर पिंड को हर चक्र में ताप की एक नियम मात्रा प्रदान करता है; काजकर पिंड भी शीतल स्रोत को ताप की एक नियम मात्रा प्रदान करता है, लेकिन जितना पाता है, उससे कम। चूँकि काजकर पिंड चक्र में उत्पन्न यांत्रिक ऊर्जा ताप की दो मात्राओं के अंतर के बराबर होनी चाहिए : गर्म स्रोत से प्राप्त ताप-मात्रा। यहाँ हमने चुपचाप मान लिया है कि घर्षण आदि के कारण कोई ऊर्जा-हानि (ऊर्जा-क्षेप) नहीं है। पर चूँकि व्यवहार में हानि हमेशा होती है, इसलिए वास्तविकता में प्राप्त यांत्रिक ऊर्जा दो मात्राओं के अंतर से इतनी कम होती है, जितनी मात्रा हम खो देते हैं। तापीय चलित्र में

तापीय ऊर्जा से यांत्रिक ऊर्जा के उत्पादन की अविराम प्रक्रिया का सार यही है।

ऊपर वर्णित प्रक्रिया का दक्षता-गुणांक सबसे पहले ताप-स्रोतों के तापक्रमों पर निर्भर करता है। दक्षता-गुणांक बढ़ाने के लिए गर्म ताप-स्रोत का तापक्रम यथासंभव कम। जहाँ तक ठंडे स्रोत का सवाल है, चयन का प्रश्न नहीं उठता। यह हमारा परिवेश—हवा और पानी है। गर्म स्रोत की बात दूसरी है। गर्म स्रोत भी प्रकृति से प्रदत्त हो सकता है, जैसे सौर ऊर्जा या पृथ्वी की आंतरिक परतों का ताप। पर वर्तमान समय में अधिकांशतः ताप के कृत्रिम स्रोत प्रयुक्त होते हैं, जो जैव इंधन जलाने से बनते हैं या परमाणु-रिएक्टर में तापरेची नियंत्रणीय नाभिकीय प्रतिक्रिया के फलस्वरूप मिलते हैं। प्रथम स्थिति में 3000^0C कोटि का तापक्रम मिल सकता है और दूसरी में—असीम ऊँचा।

प्रक्रिया का दक्षता-गुणांक बढ़ाने के लिए आरंभिक तापक्रम को ऊँचा करना सिद्धांततः सदा लाभप्रद होता है, पर व्यवहार में तापक्रम एक सीमा तक ही बढ़ा जा सकता है। यह सीमा प्रयुक्त पदार्थों की वास्तविक तकनीकी संभावनाओं और उनकी कीमत द्वारा निर्धारित होती है। यदि तापीय स्रोत 400K (127^0C) तापक्रम वाला हो और शीतल स्रोत के रूप में प्रयुक्त परिवेश का तापक्रम 300K= 27^0C हो, तो 1J तापीय ऊर्जा से 0.25J तक यांत्रिक ऊर्जा प्राप्त की जा सकती है। यदि ताप के गर्म स्रोत का तापक्रम 1000K= 727^0C होता, तो 1 जूल तापीय ऊर्जा से 0.7 जूल यांत्रिक ऊर्जा मिलती।

यांत्रिक ऊर्जा के उत्पादन के लिए तापीय ऊर्जा का उपयोग सिर्फ परिवेशी तापक्रम पर, अर्थात् भिन्न तापक्रमों वाले दो तापीय स्रोतों की अनुपस्थिति में, संभव नहीं है।

ताविक के विकास की संभावनाएं—ताविक के सफल भावी विकास के लिए कई समस्याओं का हल महत्व रखता है। ताविक का दक्षता-गुणांक जल-वाष्प के आरंभिक तापक्रम को अक्सर प्रयुक्त तापक्रम 540^0C=813K से अधिक कर के बढ़ाया जा सकता है। पर इसके लिए ऐसी निर्माण-सामग्रियां (विशेषकर धातु) होनी चाहिए कि उनसे बने पुर्जे (जैसे वाष्पचर्खी के काजकर पंखुड़) उच्च तापक्रम और बड़े यांत्रिक बोझ के अंतर्गत भी लंबी अवधि तक विश्वस्त रूप से काम कर सकें और साथ ही (जो कम महत्त्वपूर्ण नहीं है) बहुत महंगे भी नहीं हो। उच्च कोटि की सस्ती निर्माण-सामग्रियाँ बनाना सबसे जरूरी काम है।

कौन-सा इंधन ताविक की भट्ठी में जलाया जा रहा है, इस प्रश्न की भी उपेक्षा हम नहीं कर सकते। स्वाभाविकतः सस्ते और प्रचुर मात्रा में मिलने वाले इंधन को जलाना सबसे अधिक लाभकर होता है। ऐसे इंधनों में कोयला और शिलातेल आते हैं, इसलिये इनका उत्पादन बढ़ाना चाहिए।

इंधन का बहुमुखी उपयोग भी बहुत महत्त्वपूर्ण है। बात यह है कि जैव इंधन

अनेक आवश्यक पदार्थों व निर्माण-सामग्रियों को प्राप्त करने के लिए कच्चा माल का काम करता है।

सोवियत संघ में ताविस के निर्माण में काफी सफलता मिली है। ये साधारण ताविक से इस बात में भिन्न हैं कि इन से उपभोक्ता को सिर्फ बिजली ही नहीं, ठंड से बचने के लिए और घर गर्म रखने के लिए ताप भी मिलता है, अर्थात् ताविस में वैद्युत ऊर्जा और तापीय ऊर्जा का सम्मिलित उत्पादन होता है। यह काफी फायदेमंद है। सिर्फ ताप प्राप्त करने के लिए (जैसे घर को गर्म रखने के लिए(इंधन जलाने से प्राप्त सारा 'तापक्रमी दाब' (करीब 1500 से 100^0C तक), अर्थात् इंधन जलाने से प्राप्त तापक्रम से लेकर घर गर्म रखने के लिए आवश्यक तापक्रम के बीच का अंतराल, पूरी तरह काम में नहीं आता। तापीय ऊर्जा का अवमूल्यन हो जाता है। इतने बड़े तापक्रमी अंतराल (1000^0C से अधिक) को तापीय ऊर्जा से यांत्रिक ऊर्जा प्राप्त करने में और थोड़े से ताप (100^0C) को घर गर्म करने में लगाना कहीं अधिक लाभप्रद है! बेशक, इस स्थिति में उतना ही इंधन जलाने से यांत्रिक ऊर्जा कुछ कम मिलेगी, क्योंकि अंतिम तापक्रम करीब 70^0C अधिक (30 की जगह 100^0C) रहता है। पर तापक्रम में यह वृद्धि आवश्यक है। घर गर्म रखने के लिए 30^0C तक गर्म पानी से क्या फायदा होगा? कमरे को गर्म रखने के लिए 100^0C तक गर्म पानी की जरूरत होती है। यह पानी कमरे में एक नली से गुजरता हुआ अपनी गर्मी का एक अंश कमरे को देता है और फिर दूसरी नली के सहारे बाहर (दूसरे कमरे में!) चला जाता है।

ताविस ताविक की तुलना में अधिक अर्थसंगत है। ताविक का दक्षता-गुणांक ज्यादा से ज्यादा 40% के करीब हो सकता है, पर ताविस में इंधन के उपयोग का गुणांक 60-70% या 1.5-1.7 गुना अधिक होता है। सिर्फ इसी कारण से सोवियत संघ में ताविस से प्राप्त कुल शक्ति 5 करोड़ kW से अधिक है। दुनिया के किसी भी देश में ताविस का इतना विकास नहीं हुआ है। अब यह देखना है कि ताविस के विस्तृत रूप से निर्माण में उसका तकनीकी स्तर कैसे ऊँचा किया जाये, उसकी अर्थसंगति कैसे बढ़ायी जाये, परमाणुक ताविस का कैसे विकास हो।

अंत में एक और समस्या के बारे में बता दें—विद्युकेंद्रों पर बोझ हमेशा एक जैसा नहीं होता। उपभोक्ता को वैद्युत ऊर्जा की आवश्यकता रात की अपेक्षा दिन को अधिक होती है, छुट्टी के दिनों (शनीचर, इतवार) की अपेक्षा काम के दिन अधिक होती है, गर्मियों की अपेक्षा जाड़ों में अधिक होती है। यह अंतर दसियों प्रतिशत का होता है। इसीलिये यह आवश्यक है कि अधिकतम ऊर्जा-उपयोग के समय बिजली की अविराम आपूर्ति होती रहे (यदि 1kW.h का उत्पादन-मूल्य करीब 1 कोपेक हो, तो उपभोक्ता तक बिजली नहीं पहुँचाने से 4 कोपेक प्रति किलोवाट-घंटा का नुकसान होता है)। इसके अलावा, अल्पतम ऊर्जा-उपभोग के साथ संयंत्र का बोझ इतना हल्का

नहीं कर देना चाहिए कि उसका कार्य-काल ही घट जाये।

इस कठिन समस्याओं को हल करने के लिए ऐसे संयंत्र बनाने चाहिएं, जिनकी चाल में काफी लोच हो (तथाकथित शिखरीय और अर्धशिखरीय संयंत्र, विशेषकर जल-संचायक विद्युकेंद्र और पवन-संचायक गैसचर्खी संयंत्र); विद्युकेंद्रों के मुख्य संयंत्रों की चाल का लोच बढ़ाना चाहिए; ऊर्जा-संचायक संयंत्र बनाने चाहिएं; विद्युत-ऊर्जा के खर्च में मितव्ययता होनी चाहिए।

जलविद्युकेंद्र (जविक) : जबकि की बनावट का आरेख-चित्र में दिखाया गया है। इसके कार्य का सिद्धांत बहुत सरल है और सर्वज्ञात है। जविक में नदी की ऊर्जा का उपयोग किया जाता है। पानी के स्तरों में अंतर एक बांध के सहारे उत्पन्न किया जाता है, जो जविक का सबसे महत्त्वपूर्ण और सबसे महंगा भाग होता है। विशेष नलियों या बांध में ही बने नालों के सहारे (दे. चित्र) पानी ऊपरी स्तर से निचले की ओर बहता हुआ बहुत बड़ा वेग हासिल कर लेता है। पानी की धार चलचर्खी के पंखुड़ों पर आती है। धार के अपकेंद्री बल के प्रभाव से जलचर्खी का रोटर घूर्णन करने लगता है। वाष्पचर्खी की तरह इसमें भी ऐसे उपाय किये जाते हैं कि पंखुड़ पर पानी की धार से सीधी चोट न लगे।

जविक की बनावट का आरेख

जल-ऊर्जा की गिनती तथाकथित प्रत्यादानी ऊर्जा-स्रोत में होती है, जो अन्नपूर्णा के भंडार के समान कभी खाली नहीं होता, पुनः-पुनः भरता रहता है और इसीलिए जैव इंधन के विपरीत व्यवहारतः यह अक्षय है। ऐसे स्रोत को पुनर्भर स्रोत भी कह सकते हैं। जल-ऊर्जा सौर मूल की है। (पानी-भाप-बादल-वर्षा के रूप में जल-चक्र सौर ऊर्जा से ही संपन्न होता है)। पृथ्वी का पूर्ण जल-स्रोत ऊर्जा की बहुत बड़ी मात्रा में आँका जाता है—करीब 10^{15} (1 पर प्रदह शून्य) kW.h प्रति वर्ष, जो लगभग 3 खरब टन बदानी इंधन (टबइ) प्रति वर्ष के समतुल्य है। दुनिया के सभी देश मिल कर वर्ष भर में सभी ऊर्जा-स्रोतों का जितना भाग अभी उपयोग में लाते हैं, उससे यह 30 गुना अधिक है। पृथ्वी के जल-स्रोतों से वास्तविकता में जितनी ऊर्जा प्राप्त की जाती है, वह कुछ कम है--सिर्फ 10 खरब टबइ, पर यह दुनिया में कुल ऊर्जा की वर्तमान खपत के बराबर है। दुनिया के सभी चालू जविकों की कुल क्षमता अभी करीब 5000 लाख kW है। अतः जविकों के निर्माण का भविष्य बहुत अच्छा है।

सोवियत संघ में, जहाँ जल-ऊर्जा का स्रोत बहुत बड़ा है (विश्व का करीब 12%), जविकों का निर्माण विस्तृत पैमाने पर चल रहा है।

जविकों का निर्माण सिर्फ विद्युत-ऊर्जा के उत्पादन के लिए ही नहीं, नदियों में जहाज-चालन, कृषि और मत्स्य-उद्योग के विकास के लिए भी लाभकर है।

परमाणुक ऊर्जा के भौतिक आधार—परमाणुक ऊर्जा को मुक्त करना और उसे काम में लाना 20वीं सदी की एक महत्त्वपूर्ण घटना है। दुख की बात है कि यह महान आविष्कार सिर्फ शांतिपूर्ण लक्ष्यों के लिए ही नहीं, युद्ध में संहार के लिए भी प्रयुक्त हो रहा है। मानव-इतिहास की इस अनुपम वैज्ञानिक उपलब्धि का पहले-पहल पता अधिकांश लोगों को तब चला, जब 6 व 9 अगस्त 1945 को जापान के हिरोशिमा और नगासाकी शहरों में अमरीकी परमाणु-बमों के विस्फोट की खबर फैली।

1938 में जर्मन वैज्ञानिकों ओ. हान और फ्रे. श्ट्रासमान ने दिखाया कि युरेनियम पर न्यूट्रोनों की बमबारी से मृदाक्षारीय तत्त्वों, विशेषकर बेरियम, के नाभिक मिलते हैं। इसके बाद आस्ट्रियन भौतिकविद ल. माइटनेर और फ्रिश ने ज्ञात किया कि परमाणुक भार ^{235} वाले युरेनियम-समस्थ का नाभिक ^{235}U न्युट्रोन की क्रिया से दो टुकड़ों में बँट जाता है; उन्होंने इस संवृत्ति को ''नाभिक का विभाजन' नाम दिया, जो कोशिका के विभाजन की जीवविज्ञानी प्रक्रिया के साथ इस संवृत्ति की समानता दिखाता है। 1940 में सोवियत वैज्ञानिकों गि. फ्लेरोव और क. पेत्रजाक ने परमाणु-नाभिकों के विभाजन की स्वतःस्फूर्त प्रक्रिया देखी, जो नाभिक के रश्मिसक्रिय क्षय की क्रिया का ही एक प्रकार है।

अधिक परमाणु-भार वाले तत्त्वों (युरेनियम, प्लुटोनियम, थोरियम) के नाभिकीय विभाजन में प्रतिक्रियापूर्व भारी नाभिक का द्रव्यमान नाभिकीय प्रतिक्रिया के उत्पादों के कुल द्रव्यमान से कुछ अधिक होता है; इसे द्रव्यमान-त्रुटि कहते हैं। अतः भारी

नाभिकों के विभाजन से बहुत बड़ी मात्रा में ऊजरिचन होता है और फलस्वरूप तापीय ऊर्जा मिलती है।

यह तथ्य भी महत्त्वपूर्ण है कि भारी नाभिक के विभाजन के दौरान उत्सर्जित न्युट्रोनों की संख्या इकाई से अधिक होती है। उदाहरणार्थ, तथाकथित मंद या तापीय न्युट्रोन की टक्कर के कारण ^{235}U नाभिक के विभाजन से दो या तीन (औसतन 2.46) नये न्युट्रोन उत्सर्जित होते हैं। यह श्रृंखल नाभिकीय प्रतिक्रिया जारी रखने में सहायक होता है। इसीलिए ऐसा करना चाहिए कि नाभिक के विभाजन से प्राप्त न्यूट्रोन खाली नहीं जाएँ, सब काम आ जाएँ। अयस्कों से प्राप्त प्राकृतिक धातुई युरेनियम लगभग हमेशा दो समस्थों का मिश्रण होता है—^{238}U और ^{235}U का। नाभिकीय और्जिकी का आधार कम से कम वर्त्तमान समय के ^{235}U है। न्यूट्रोन की क्रिया से उसका नाभिक विशाल मात्रा में तापरेचन और दो या तीन न्यूट्रोनों के उत्सर्जन के साथ विभाजित होता है; ये न्यूट्रोनों के उत्सर्जन के साथ विभाजित होता है; ये न्यूट्रोन नाभिकीय प्रतिक्रिया को आगे बढ़ाते हैं। 1kg ^{235}U के विभाजन से ताप के रूप में उत्सर्जित ऊर्जा की मात्रा $1.9.10^{13}U$ या 2.22. 10^{7}kW.h है। यदि स्मरण करें कि 1kg बदानी इंधन से 7000kcal ताप मिलता है, तो सरलतापूर्वक हिसाब लगा सकते हैं : 1kg ^{235}U नाभिकीय इंधन $2.7.10^{6}$kg बदानी इंधन के समतुल्य है। अन्य शब्दों में, 1g^{235}U और्जिकी के दृष्टिकोण से 2.7 टन बदानी इंधन के समतुलय है। इसीलिए 10 लाख kW क्षमता वाले परविक में प्रतिदिन सिर्फ 3kg नाभिकीय इंधन खर्च होता है (यदि यह ध्यान में रखें कि कुछ भाग बर्बाद भी होता है)।

पर प्राकृतिक धातुई युरेनियम में सिर्फ 0.7% ^{235}U होता है। बाकी 99.3% अंश ^{238}U होता है।

^{238}U का क्या महत्त्व है? क्या युरेनियम के इस समस्थ का कोई उपयोग हो सकता है? हाँ! पर इसके उपयोग की प्रक्रिया अधिक जटिल है, बनिस्बत कि ^{235}U की, और इसके बारे में हमें पूरी जानकारी नहीं है। बात इस प्रकार है। परमाणुक और्जिकी में दो प्रकार के न्यूट्रोनों से वास्ता पड़ता है, जो एक दूसरे से काफी भिन्न होते हैं। एक में अधिक ऊर्जा होती है, जिन्हें क्षिप्र न्यूट्रोन कहते हैं, और दूसरे में काफी कम ऊर्जा होती है, जिन्हें मंद, मंदित या तापीय न्यूट्रोन कहते हैं। क्षिप्र न्यूट्रोन नाभिक के विभाजन के वक्त उत्सर्जित होते हैं। इस प्रक्रिया में द्रव्यमान-त्रुटि (द्रव्यमान में कमी) के कारण विशाल मात्रा में तापरेचन होता है। यदि क्षिप्र न्यूट्रोन ^{238}U नाभिक से टकराता है, तो नाभिक सीधे विभाजित नहीं होता, वह 239 परमाणु-भार वाले प्लुटोनियम-नाभिक ^{235}Pu में परिणत हो जाता है। उसका नाभिक न्यूट्रोनों की क्रिया विभाजित हो सकता है। अन्य शब्दों में, ^{239}Pu और्जिकीय गुणों के अनुसार ^{239}U के समान ही है, पर ऊजरिचन में कहीं अधिक बढ़ा-चढ़ा है। अपेक्षाकृत द्रुत क्षयमानता (अर्धक्षय-काल—$2.4.10^{4}$ वर्ष) के कारण प्लुटोनियम प्रकृति में व्यावहारिकतः अनुपस्थित

है; यह मनुष्य द्वारा कृत्रिम रूप से बनाया गया तत्त्व है।

^{238}U के ^{239}Pu में परिवर्तन की प्रक्रिया की कारगरता का मूल्यांकन तथाकथित पुनरोत्पादन-गुणांक द्वारा किया जाता है; यह और कुछ नहीं, बल्कि नये बने प्लुटोनियम की मात्रा और खर्च किये गये नाभिकीय इंधन की मात्रा का अनुपात है। ^{238}U नाभिक पर क्षिप्र न्यूट्रोनों की बमबारी में पुनरोत्पादन-गुणांक इकाई से अधिक है। वह 1.4 से 1.5 तक के अंतराल में होता है। इसका अर्थ है कि ^{238}U पूर्णतया ^{239}Pu में परिणत हो सकता है।

इस प्रकार, जिन प्रक्रियाओं में क्षिप्र न्यूट्रोनों का उपयोग होता है, वे बहुत लाभप्रद हैं: इससे प्राकृतिक युरेनियम, और साथ ही इसके मुख्य अवयव ^{238}U , का पूरा-पूरा सदुपयोग संभव है। पर क्षिप्र न्यूट्रोनों के प्रत्यक्ष उपयोग में बड़ी कठिनाइयाँ हैं। मंदन के कारण क्षिप्र न्यूट्रोन अपनी ऊर्जा ने खो दें, इसके लिए उनकी रक्षा करनी पड़ती है; न्यूट्रोन-प्रवाह की उच्च तीव्रता को बनाये रखना पड़ता है और साथ ही इस तीव्र न्यूट्रोनी प्रवाह के साथ 'समंजन' भी करना पड़ता है।

क्षिप्र न्यूट्रोनों को मंदन से बचाने के लिए उसकी उपस्थिति के क्षेत्र में ऐसे पदार्थ या द्रव्य कभी भी नहीं रखने चाहिए, जो उसे बहुत अधिक अवशोषित या मंदित कर दें। इसी कारणवश साधारण पानी की जगह, जो अपने गुणों के कारण एक अच्छा शीतकारी पदार्थ है, द्रव नइट्रोजन का उपयोग करना पड़ता है (पानी बहुत सक्रिय रूप से न्यूट्रोनों को मंदित करता है, द्रव नइट्रोजन—कुछ कम सक्रिय रूप से)। पानी की जगह द्रव नाइट्रोजन का उपयोग तकनीकी तौर पर संभव है, पर इससे काम आसान नहीं हो जाता।

क्षिप्र न्यूट्रोनों के तीव्र प्रवाह के साथ 'समंजन' का अर्थ है निर्माण-सामग्रियों के विज्ञान से संबंधित जटिल समस्याओं का हल ढूँढ़ना। घने न्यूट्रोनी प्रवाह में कार्यरत संरचनात्मक सामग्रियों की मजबूती कम होने लगती है, क्योंकि क्षिप्र न्यूट्रोनों से विकिरणित होने पर इन सामग्रियों के परमाणु क्रिस्टलिक जाली में अपने स्थान से विचलित हो जाते हैं। इसीलिए ऐसी निर्माण-सामग्रियों का आविष्कार करना होगा, जो तीव्र न्यूट्रोनी प्रवाह की क्षतिकारी शक्ति का सामना कर सकें।

अधिक जटिल समस्याएँ भी हैं, जो सिर्फ वैज्ञानिक व तकनीकी ही नहीं, आर्थिक प्रश्नों के भी हल से संबंधित हैं। बात यह है कि ^{238}U से बने प्लुटोनियम को अवशिष्ट ^{238}U और नेप्तूनियम से अलग करना पड़ता है। नेप्तूनियम विभाजन से प्राप्त होने वाले उच्च रश्मिसक्रिय उत्पादों में से एक है।

क्षिप्र न्यूट्रोनों से चलने वाले नाभिकीय रिएकटरों का विस्तृत प्रचलन होने के पहले ही ऐसे कारखानों का निर्माण कर लेना होगा, जो आवश्यक मात्रा में प्लुटोनियम अलग कर सकें और नाभिकीय इंधन संसाधित कर सकें। ये कारखाने कोई सस्ते नहीं होंगे, विशेषकर यदि यह ध्यान में रखें कि इनका वास्ता उच्च रश्मिसक्रिय द्रव्यों

से पड़ा करेगा।

अन्य प्रश्न भी है, जो अभी पूरी तरह हल नहीं हो पाये हैं। इंधन का पुनरोत्पादन-गुणांक तभी अधिक हो सकता है, जब नाभिकीय इंधन के रूप में ^{235}U की बजाय ^{239}Pu का उपयोग किया जायेगा। कारण यह है कि ^{239}Pu नाभिक के विभाजन से कहीं अधिक न्यूट्रोन उत्सर्जित होते हैं (औसतन करीब तीन), बनिस्बत कि ^{235}U नाभिक के विभाजन से (औसतन 2.46 न्यूट्रोन)। निष्कर्षः क्षिप्र न्यूट्रोनों से चलने वाले नाभिकीय रिएक्टर के आरंभिक भरण (लोडिंग) के लिए प्राकृतिक युरेनियम के साथ-साथ प्लुटोनियम का उपयोग अधिक लाभकर है। एक रिएक्टर के भरण के लिए ढेर सारा प्लुटोनियम चाहिए—करीब एक टन से अधिक। इसीलिए क्षिप्र न्यूट्रोनों से चलने वाले नाभिकीय रिएटक्टर ऐसे होने चाहिए, जो इस प्रकार के नये रिएक्टरों के आरंभिक भरण के लिए प्लुटोनियम की आपूर्त्ति कर सकें। नये प्लुटोनियम का कार्य-काल उस कालांतर द्वारा निर्धारित होता है, जिसमें प्लुटोनियम की आरंभिक भरण-मात्रा दुगुनी हो जाती है। इस प्रकार, एक और अनिवार्य शर्त सामने आती हैः दुगुना होने का समय 10 साल से अधिक न हो।

क्षिप्र न्यूट्रोनों से चलने वाला नाभिकीय रिएक्टर उच्च प्रतिबली (बहुत अधिक तनाव की स्थिति में काम करने वाला) संयंत्र है। उसकी विशिष्ट ताप-उत्सर्जनता (इकाई आयतन से तापोत्सर्जन की क्षमता) 1000Kw1 तक पहुँच सकती है। यह एक अलग प्रकार की समस्याओं को जन्म देता है।

निष्कर्ष यह है कि नाभिकीय रिएक्टरों में क्षिप्र न्युट्रोनों का सीधा तत्कालिक उपयोग लाभदायक है और इसका भविष्य अधिक उज्ज्वल है। लेकिन इस प्रक्रिया से विस्तृत उपयोग के लिए उपरोक्त समस्याओं का हल ढूँढ़ना जरूरी है, जो सरल नहीं है। फिलहाल मंद न्युट्रोनों से चलने वाली प्रक्रिया से संतोष करना पड़ रहा है, जिसमें प्राकृतिक युरेनियम के एक अल्पांश का ही उपयोग हो पाता है।

चूंकि ^{235}U नाभिक या ^{239}Pu नाभिक के विभाजन से क्षिप्र न्युट्रोन ही उत्सर्जित होते हैं, इसलिये उन्हें मंदित करना पड़ता है। मदं न्युट्रोनों की ऊर्जा क्षिप्र न्युट्रोनों की अपेक्षा 100 गुनी कम होती है। इसके लिए मंदक के रूप में अक्सर ग्रैफाइट, साधारण पानी या भारी पानी का उपयोग होता है। न्युट्रोनों का मंदन मंदक के नाभिकों के साथ उनकी टक्करों के साथ होता है। टक्करों की प्रक्रिया में न्युट्रोन मंदित ही नहीं होते (जिसकी हमें आवश्यकता है), बल्कि मंदक द्वारा अवशोषित भी हो जाते हैं (और यह बुरा है, क्योंकि नाभिकीय इंधन ^{235}U या ^{239}U का अधिक मात्रा में उपयोग करना पड़ता है)।

सबसे अधिक मंदक प्रभाव साधारण जल का होता है, भारी पानी का इससे कम होता है और ग्रैफाइट का—सबसे कम। पर साधारण जल अधिक मात्रा में न्युट्रोनों को अवशोषित करता है (और डयुटेरयम बनाता है)। ग्रैफाइट कम न्युट्रोन अवशोषित

करता है, भारी पानी और भी कम। इसीलिये साधारण जल या ग्रैफाइट का उपयोग करने के लिए प्राकृतिक युरेनियम को ^{235}U से 3-4% तक सांद्र करना पड़ता है। प्राकृतिक युरेनियम में ^{235}U सिर्फ 0.7% होता है)। भारी पानी (या गुरु जल) को मंदक के रूप में उपयोग करने पर प्राकृतिक युरेनियम को सांद्र करने की जरूरत नहीं पड़ती।

हम जान चुके हैं कि ^{235}U नाभिक या ^{239}Pu नाभिक एक न्युट्रोन की टक्कर से विभाजित होता है। ^{235}U नाभिक के विभाजन से औसतन 2.46 न्युट्रोन उत्सर्जित होते हैं, जिनमें से एक न्युट्रोन नाभिकीय प्रतिक्रिया को जारी रखने के लिए ^{235}U नाभिक से अवशोषित हो जाता है। इस प्रकार, ^{235}U नाभिक के एक विभाजन में उत्सर्जित 2.46 न्युट्रोनों में से सिर्फ 1 (अर्थात् करीब 40%) न्युट्रोन काम में आता है। 50% से अधिक न्युट्रोन मंदक, ^{238}U और संयंत्र की संरचनात्मक सामग्रियों द्वारा अवशोषित हो जाते हैं। इसीलिये न्युट्रोनों का क्षरण (लीकेज) 10% से अधिक नहीं होना चाहिये, अन्यथा शृंखल-प्रतिक्रिया रुक जायेगी।

व्योम का आयतन जितना कम होता है, इस व्योम की सतह और इसके आयतन का अनुपात भी उतना ही अधिक होता है। उदाहरणार्थ, 2M लम्बी किनारियों वाले घन के लिए उसकी कुल सतह और उसके आयतन का अनुपात $\frac{24\ m^2}{8\ m^3} = 3\frac{1}{m}$ है। और 1M लंबी किनारियों वाले घन के लिए यह $\frac{6\ m^2}{1\ m^3} = 6\frac{1}{m}$ है। यह सरल तथ्य प्रविधि में, और विशेषकर विचाराधीन शृंखल नाभिकीय प्रतिक्रिया में, बहुत महत्त्व रखता है।

आयतन जितना ही अधिक होगा, इकाई समय में उतने ही अधिक न्युट्रोन बनेंगे। दूसरी ओर सतह जितनी ही अधिक होगी, न्युट्रोनों का क्षरण स्वभावतः उतना ही अधिक होगा। पर आयतन-वृद्धि से सतह और आयतन का अनुपात घटता है। इसलिये जिस व्योम में नाभिकीय प्रतिक्रिया चलती है, उसका आयतन बढ़ाने पर न्युट्रोनों का क्षरण परम मान में बढ़ता है, और सापेक्षिक मान में (समान काल में क्षरित और उत्सर्जित न्युट्रोनों का प्रतिशत अंश) घटता है। इससे निष्कर्ष निकलता है। कि कोई निम्नतम आयतन जिसे चरम आयतन कहते हैं जरूर होता है, जिसमें न्युट्रोनों का क्षरण एक महत्तम अनुमत मान (हमारी स्थिति में 10%) से अधिक नहीं होता। उसका मतलब है कि चरम आयतन में शृंखला नाभिकीय प्रतिक्रिया चल सकती है, चरम आयतन से कम व्योम में वह जारी नहीं रह सकेगी।

परमाणु-बम का सैद्धांतिक आधार भी यही है। नाभिकीय विस्फोट के लिए विभाजनरत पदार्थ के एक भाग में वही पदार्थ अक्सर ^{239}Pu थोड़ा सा और मिला दिया जाता है, जिससे विभाजनरत पदार्थ का आयतन चरम आयतन से अधिक हो

जाता है और उसका द्रव्यमान चरम द्रव्यमान से अधिक हो जाता है।

इससे शृंखल नाभिकीय प्रतिक्रिया विकसित होने लगती है और विस्फोट होता है।

पर परमाणुक विद्युकेंद्र में विस्फोट क्यों नहीं होता? इसलिये कि परमाणु-बम में नाभिकीय प्रतिक्रिया अनियंत्रणीय रहती है और परविक में उसे तथाकथित पूरक छड़ों से नियंत्रित करते रहते हैं। ये छड़ बोरोन कार्बाइड से बने होते हैं, जिसकी गणना न्युट्रोनों की अत्यधिक अवशोषित करने वाले पदार्थों में होती है। जिस क्षेत्र में नाभिकीय प्रतिक्रिया चल रही होती है, उसमें इन छड़ों को घुसाने पर प्रतिक्रिया धीमी हो जाती है और इसके विपरीत, क्षेत्र में से छड़ों को निकालने पर प्रतिक्रिया तेज हो जाती है। नाभिकीय रिएक्टर में विस्फोट व्यावहारिकतः असंभव है।

परमाणुक प्रविधि में एक अवधारणा है: नाभिकीय रिएक्टर की प्रतिकारिता। यह रिएक्टर में चलने वाली प्रतिक्रिया को लंछित करती है—नाभिकीय प्रतिक्रिया प्रसारमान है (रिएक्टर की क्षमता बढ़ रही है) या संकोचमान है। (रिएक्टर की क्षमता घट रही है।)। माना गया है कि प्रथम स्थिति में रिएक्टर की प्रतिकारिता धनात्मक होती है और दूसरी स्थिति में—ऋणात्मक। स्पष्ट है कि धनात्मक प्रतिकारिता के वक्त उत्सर्जित न्युट्रोनों की संख्या अधिक होती है, बनिस्बत कि कारगर ढंग से प्रयुक्त और अवशोषित व क्षरित न्युट्रोनों की कुल संख्या। ऋणात्मक प्रतिकारिता में इसका उल्टा होता है।

यदि उत्सर्जित और व्ययित न्युट्रोनों की संख्याएँ बराबर होंगी, तो रिएक्टर की क्षमता अचल रहेगी; वह एक स्थिर शैली में काम करता रहेगा। यह दशा पूरक छड़ों की सहायता से उपलब्ध की जाती है।

यह नहीं कहना चाहिए कि मंद न्युट्रोनों से चलने वाली नाभिकीय प्रतिक्रिया में ^{238}U का बिलकुल ही उपयोग नहीं किया जा सकता है। चूँकि मंद न्युट्रोन ^{238}U द्वारा अवशोषित होते हैं और ^{238}U का ^{239}Pu में परिवर्तन की भी प्रक्रिया कुछ न कुछ होती रहती है, इसलिये मंद न्युट्रोनों से चलने वाली नाभिकीय प्रतिक्रिया में प्रति टन प्राकृतिक युरेनियम में 7kg ^{235}U (सारा ^{235}U) और लगभग 10kg ^{238}U (लगभग 1% ^{238}U) उपयोग में लाया जा सकता है।

परमाणुक विद्युकेंद्र (परविक) : परविक के नाभिकीय रिएक्टर दो प्रकार के हो सकते हैं—क्षिप्र न्युट्रोनों से चलने वाले (इन्हें प्रजनक रिएक्टर कहते हैं), और मंद (तापीय) न्युट्रोनों से चलने वाले। प्रथम प्रकार के रिएक्टरों के उपयोग से प्राकृतिक नाभिकीय इंधन को अधिक पूरी तरह से काम में लाया जा सकता है। प्रकृति में उपस्थित एकमात्र द्रव्य, जिसके नाभिक स्वतःस्फूर्त रूप से विभाजित होते हैं, युरेनियम का समस्थ ^{235}U है। प्लुटोनियम ^{239}Pu और युरेनियम ^{233}U समस्थों के नाभिक भी स्वतःस्फूर्त विभाजित होते हैं, पर ये समस्थ कृत्रिम हैं, प्रकृति में व्यावहारिकतः

अनुपस्थित होते हैं। युरेनियम ^{238}U व थोरियम ^{232}Th समस्थ प्रकृति में अपेक्षाकृत अधिक मात्रा में मिलते हैं, पर इनके नाभिक विभाजित नहीं होते। ये समस्थ इनके नाभिकों पर न्युट्रोनों की बमबारी से क्रमशः ^{233}Pu और ^{232}U में परिवर्तित हो सकते हैं। इस प्रकार, प्रजनक रिएक्टर की दृष्टि से ^{239}Pu व ^{233}U को आरंभिक नाभिकीय इंधन माना जा सकता है और ^{238}U व ^{232}Th को एक प्रकार का कच्चा माल माना जा सकता है, जिससे रिएक्टर में द्वितीयक नाभिकीय इंधन—^{239}Pu व ^{233}U का नया अंश—बनता है। इसीलिये प्रजनक रिएक्टर में आरंभिक नाभिकीय इंधन ^{239}Pu या ^{233}U) ओर 'परमाणुक कच्चा माल' (^{238}U या ^{232}Pu) भरा जाता है। रिएक्टर तापीय ऊर्जा उत्पन्न करता है, जो परविक द्वारा वैद्युत ऊर्जा में रूपांतरित होता है, वह आरंभिक भरण की मात्रा अधिक करने लायक द्वितीयक नाभिकीय इंधन (^{239}Pu या ^{233}U) को जन्म देता है (याद करें कि पुनरोत्पादन गुणांक 1.6 है)। इसीलिये ऐसे रिएक्टर को प्रजनक रिएक्टर का नाम दिया गया है। इस प्रकार, यह नहीं भूलना चाहिऐ कि ऊपर वर्णित सभी नाभिकीय परिवर्तनों की शुरुआत ^{235}U से हुई है, जो एकमात्र आरंभिक प्राकृतिक नाभिकीय इंधन है। व्यय होने वाला और पुनरोत्पादित होने वाला नाभिकीय इंधन नियमतः एक ही समस्थ होता है, कुछ रिएक्टरों में ^{239}Pu और कुछ में—^{233}U।

चित्र (पृ. 38) में क्षिप्र न्युट्रोनों वाले परविक का एक संभावित आरेख दिखाया गया है। तुरंत देख सकते हैं कि आरेख का दायां भाग, जिसके कल-पुर्जे रिएक्टरी संयंत्र के अंतर्गत नहीं आते (रिएक्टरी संयंत्र की सीमा आरेख के बाएँ भाग में खिंची हुई है), वाष्प-वैद्युत संयंत्र से किसी भी बात में भिन्न नहीं है (तुलना करें पृ. 20 के चित्र से)।

सचमुच दोनों ही स्थितियों में हम समान प्रकार के संरचनात्मक तत्त्व देखते हैं : वाष्पचर्खी, विद्युजनित्र, संघनित्र, जल-पंप। मूल अंतर यह है कि वाष्प वैद्युत-संयंत्र में जैव इंधन के दहन-ताप से क्वथित्र (वाष्प-जनित्र) में उत्पन्न होता है, जबकि परविक (क्षिप्र या मंद न्युट्रोनों में से किसी भी चलित रिएक्टर) में वह नाभिकीय प्रतिक्रिया से ताप से तापविनिमायक-वाष्पजनिक में या सीधा रिएक्टर में उत्पन्न होता है। क्वथित्र और नाभिकीय रिएक्टर--ये दोनों ताविक ओर परविक के दो व्यतिकारी (एक-दूसरे का निषेध करने वाले) तत्त्व हैं, जिनके कारण ये दोनों विद्युकेंद्र भिन्न हो जाते हैं। क्षिप्र न्युट्रोन वाले रिएक्टर, जैसा कि हम बता चुके हैं, अभी विकासाधीन हैं और इनका उपयोग सिर्फ प्रयोगिक स्तर पर हो रहा है। सोवियत संघ में (अपेक्षाकृत कम क्षमता वाले संयंत्र के साथ प्रयोग करने के बाद) पहला बड़ा क्षिप्र न्युट्रोनी रिएक्टर शेव्चेन्को नगर में कास्पियन समुद्र के तट पर 1973 में स्थापित किया गया है। इसकी वैद्युत क्षमता 350MW है, इसीलिए इसका नाम क्षि. न्यु.-350 पड़ा है। इसकी वास्तविक वैद्युत क्षमता 150MW है। ताप की बहुत बड़ी मात्रा समुद्री पानी को

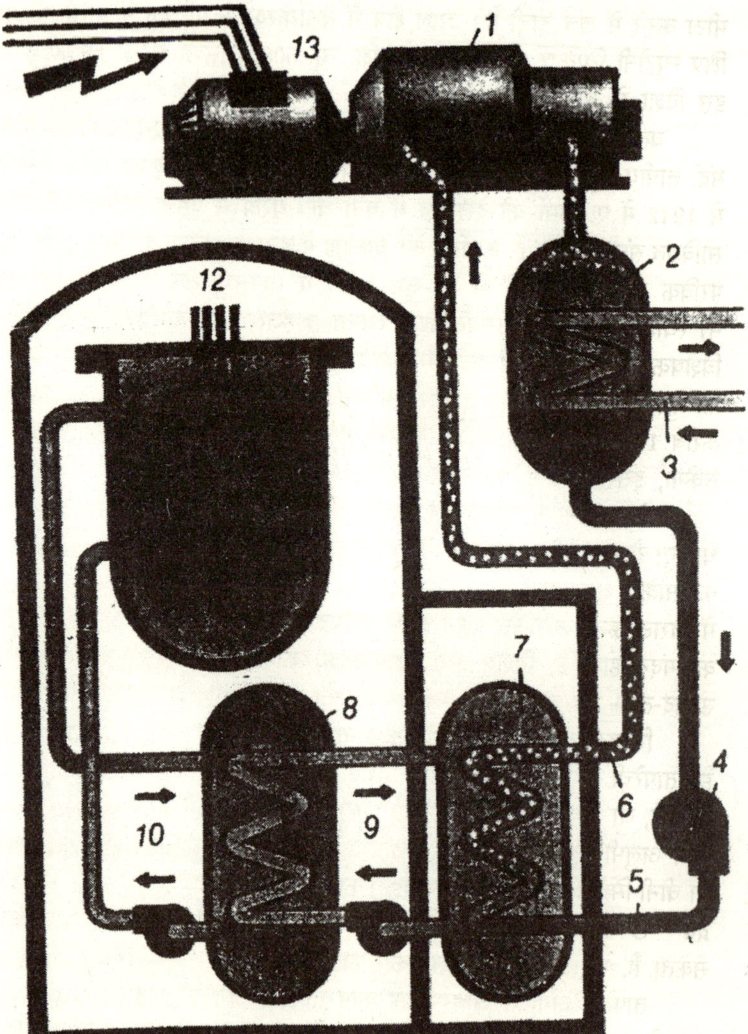

क्षिप्र न्युट्रोनी रिएक्टर वाले परविक की बनाबट का आरेख।

1. वाष्प-चर्खी 2. वाष्प-संघनित्र

3. शीतकारी जल 4. पोषक पंप 5. जल

6. जल-वाष्प 7. वाष्प-जनित्र 8. ताप-विनिमायक

9. द्रव धातु 10. द्रव धातु

11. रिएक्टर 12. नियंत्रक छड़ें 13. विद्युजनित्र

मीठा करने में खर्च होती है। उराल क्षेत्र में बेलोयार्स्क के परविक में इससे भी बड़ा क्षिप्र न्युट्रोनी रिएक्टर लगाया गया है—क्षि. न्यु.-600, जिसकी क्षमता 600MW है। इस दिशा में कार्य अभी भी जारी है।

वर्तमान समय में व्यावहारिकतः दूसरे प्रकार के रिएक्टर प्रयुक्त हो रहे हैं, जो मंद, तापीय न्युट्रोनों से चलते हैं। पहला परमाणुक रिएक्टर संयुक्त राज्य अमेरिका में 1942 में ए. फेर्मी की देख रेख में बना था। यूरोप में पहला परमाणुक रिएक्टर सोवियत संघ में 1946 ई. कुर्छातव की देख-रेख में बना था। विश्व का पहला औद्योगिक परविक सोवियत संघ में ही 27 जून 1954 में (कालूगा क्षेत्र के ओबनिंस्क शहर में) स्थापित हुआ था। उसकी वैद्युत क्षमता 5 हजार kW है। परमाणुक और्जिकी विशेषकर पिछले दशक में तेजी से विकसित हो रही है। अभी दुनिया के सारे परविकों की कुल क्षमता 10 करोड़ kW से अधिक है। एक नाभिकीय रिएक्टर की क्षमता करीब 10 लाख kW है, निकट भविष्य में इसे 15-20 लाख kW तक बढ़ाया जा सकेगा, इससे अधिक भी संभव है।

मंद न्युट्रोनों से चलने वाले रिएक्टर में नाभिकीय इंधन और मंदक जरूरी होने चाहिए; ये साथ-साथ रखे जाते हैं। रिएक्टर में जिस जगह ये होते हैं, उसे रिएक्टर का सक्रिय क्षेत्र कहते हैं। सक्रिय क्षेत्र को रिएक्टर का हृदय कह सकते हैं। इसी में विराट ऊर्जा उत्सर्जित करने वाली नाभिकीय प्रतिक्रिया चलती है, क्षिप्र न्युट्रोनों का मंदन होता है, विशेष द्रव्य (तापवाहक) की सहायता से रिएक्टर के अंतिम उत्पाद-ताप- का वहन होता है।

रिएक्टर के सक्रिय क्षेत्र में स्थित नाभिकीय इंधन तापरेची अंगों में बँटा होता है। तापरेची अंगों में मज्जा और आवरण आते हैं। मज्जा नाभिकीय इंधन का बना होता है, जो शुद्ध धातुई युरेनियम या प्लुटोनियम के समय में हो सकता है, या इनके साथ अलुमीनियम, जिर्कोनियम, क्रोमियम या बिस्मथ का धातुमिश्र हो सकता है, या चीनी मिट्टी (आक्साइड या कार्बाइड) का हो सकता है। मज्जा में 'कच्चा' नाभिकीय द्रव ^{238}U या ^{232}Th भी हो सकता है। मज्जा रूप का रूप भी कई प्रकार का हो सकता है, पर अक्सर वह बेलनाकार होता है।

तापरेची अंगों में आवरण का काम तापरेची अंग को पखारने वाले तापवाही द्रव्य से मज्जा को अच्छी तरह अलग करना है; उसे अपारगम होना चाहिए। आवरण की निर्माण-सामग्री में बहुत सारे गुण होने चाहिए। उसमें बहुत बड़ी यांत्रिकीय मजबूती होनी चाहिए, उच्च क्षरणरोधिता और तापसहयता होनी चाहिए, और उसे तीव्र न्युट्रोनी प्रवाह में टिकाऊ होना चाहिए। आवरण ज्यादातर अलुमीनियम और जिर्कोनियम के संवलन (धातुमिश्र), स्टेनलेस स्टील या उच्च घनत्व वाले ग्रैफाइट से बनाया जाता है, यह बात उसके कार्य की परिस्थिति और विशेषकर तापक्रम पर निर्भर करता है।

तापरेची अंग विशेष पैकटों, कैसेटों और ब्लौकों (तथाकथित समुच्चयों) के रूप में बनाये जाते हैं और रिएक्टर के सक्रिय क्षेत्र में रखे जाते हैं। सक्रिय क्षेत्र से न्युट्रोन लीक न करें, इसके लिए क्षेत्र को न्युट्रोन-परावर्तक से घेर देते हैं। परावर्तक उसी सामग्री से बनाया जाता है, जिससे मंदक बनते हैं। जैसा कि नाम से व्यक्त होता है, परावर्तक सक्रिय क्षेत्र से 'निकल भागने वाले' न्युट्रोनों को वापस भेज देता है। यह क्रिया परावर्तक के परमाणु-नाभिकों के साथ न्युट्रोनों की प्रत्यास्थी टक्कर के कारण होती है। परावर्तक के बाद रिएक्टर बाहर से एक आरक्षी-दीवार से घिरा होता है। इसे जीवरक्षी कहते हैं, इसका काम रश्मिसक्रिय विकिरण को रोकना है। रश्मिसक्रिय विकिरण न्युट्रोन व अन्य कणों से बनता है। विकिरण का मुख्य स्रोत रिएक्टर का सक्रिय क्षेत्र है। वे निर्माण-सामग्रियां भी विकिरण-स्रोत हैं, जिनपर न्युट्रोनी वर्षा होती है या जो न्युट्रोनों को शोषित करती हैं (इससे तथाकथित निर्दिष्ट विकिरण उत्पन्न होता है)।

जीवरक्षी ज्यादातर उच्च कोटि के कंक्रीट से बनाया जाता है, जिसमें करीब 10% जल होता है। दी गयी परिस्थिति में जल का महत्व बहुत अधिक है, क्योंकि यह एक अच्छा अवशोषक द्रव्य है। रश्मिसक्रिय विकिरण से रक्षा के लिए प्रयुक्त कंक्रीट में अक्सर बोरियम कार्बोनेट भी मिलाते हैं, जो न्युट्रोनों का शक्तिशाली अवशोषक है। रश्मिसक्रिय विकिरण को जन्म देने वाले कण रक्षी द्रव्य के परमाणु-नाभिकों से टकरा कर पहले मंदित होते हैं और फिर अवशोषित हो जाते हैं। जीवरक्षी नाभिकीय रिएक्टर के रश्मिसक्रिय विकिरण को बहुत क्षीण बना देता है, पर उसे पूरी तरह नहीं रोकता। रिएक्टर हमेशा ही रश्मिसक्रिय विकिरण का स्रोत होता है, लेकिन उसे सही ढंग से बनाने और काम में लाने पर उसका विकिरण उतना ही कम और निरापद होता है, जितना अंतरिक्ष से पृथ्वी पर आने वाला विकिरण। पर सुरक्षा परमाणुक तकनीक में एक महत्त्वपूर्ण समस्या है, जो सर्वदा विशेषज्ञों के ध्यान का केंद्र बना रहता है।

प्रचलित रिएक्टरों की संरचनात्मक भिन्नता इस बात पर निर्भर करती है कि न्युट्रोनों के मंदक, और रिएक्टर के सक्रिया क्षेत्र से ताप को बाहर ले जाने वाले तापवाहक के रूप में किन द्रव्यों का उपयोग हुआ है।

सबसे अधिक प्रचलन जल-जलीय रिएक्टरों का है, जिनमें साधारण पानी का उपयोग न्युट्रोनों के मंदन के लिए भी और ताप के वहन के लिए भी होता है। अन्य प्रचलित रिएक्टर हैं। युरेनियम-ग्रैफाइटी (मंदक—ग्रैफाइट, तापवाहक-साधारण जल); गैस-ग्रैफाइटी (मंदक-ग्रैफाइट, तापवाहक—गैस, अक्सर कार्बोनिक एसिड); भारी पानी वाले रिएक्टर (मंदक-भारी पानी, ताप-वाहक—भारी पानी या साधारण जल)।

सोवियत संघ में जल-जलीय और युरेनियम-ग्रैफाइटी रिएक्टरों का बहुत उपयोग हो रहा है; इनका संक्षिप्त वर्णन दे रहे हैं।

जल-जलीय रिएक्टर का सैद्धांतिक आरेख चित्र में दिया गया है (पृ. 41)। रिएक्टर का सक्रिय क्षेत्र एक बर्तन-सा होता है, जिसमें पानी और उसमें डुबे हुए तापरेची अंगों के प्रखंड (ब्लौक) रहते हैं। पानी रिएक्टर में निरंतर आता रहता है, उसके सक्रिय क्षेत्र से बहता हुआ तापरेची अंगों से ताप ग्रहण करता है, जिसके फलस्वरूप उसका तापक्रम बढ़ जाता है, और रिएक्टर से बाहर चला आता है। इस

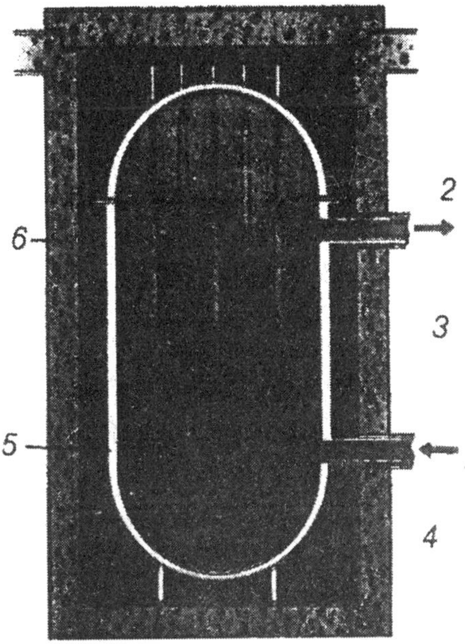

जल-जलीय रिएक्टर की बनावट का आरेख

1. नियंत्रक छड़ें; 2. गर्म पानी; 3. ऊबैट;
4. ठंडा पानी; 5. रिएक्टर का काय; 6. जैव संरक्षण

प्रकार, नाभिकीय प्रतिक्रिया के फलस्वरूप उत्पन्न ताप पानी को मिल जाता है। आरेख-रूप में दर्शित नाभिकीय रिएक्टर और तापविनिमायक-वाष्पजनित्र मंद न्युट्रोनी जल-जलीय रिएक्टर वाले परविक के मुख्य अंग हैं। यह आरेख द्वाकृतिक है। रिएक्टर के पानी का काम ताप का वहन है--सक्रिय क्षेत्र में तापरेची अंग से स्पर्श करने वाला और उससे ताप प्राप्त करने वाला पानी तापविनिमायक में अपना ताप दूसरे पानी को प्रदान करता है, जो रिएक्टर के सक्रिय क्षेत्र से होकर नहीं बहता, और इसीलिए रश्मिसक्रिय विकिरण की दृष्टि से निरापद होता है। इस प्रकार, जैसा कि चित्र से स्पष्ट है, प्रथम आकृति के जल का काम है रिएक्टर के सक्रिय क्षेत्र से

प्राप्त ताप दूसरी आकृति के जल को प्रदान करना।

पाठक खुद समझ गये होंगे या नीचे बताये गये कारणों से समझ लेंगे कि दूसरी आकृति का जल पहली आकृति से आये पानी के ताप से भाप में परिणत हो जायेगा। तापविनिमायक को इसीलिए वाष्पजनित्र भी कहते हैं। पर प्रथम आकृति का पानी तापदायक है और दूसरी आकृति का—तापग्राहक। इसलिये दूसरी आकृति के पानी (या वाष्प) का तापक्रम पहली आकृति के पानी से अधिक नहीं हो सकता। पर क्या पहली आकृति के पानी से मिले ताप से दूसरी आकृति का पानी वाष्प में परिणत हो सकता है?

हो सकता है। यह समझना काफी सरल है। इस तथ्य से सभी अवगत होंगे कि वाष्पन का तापक्रम, जिसके ऊपर पानी पानी के रूप में नहीं रह सकता, दाब पर निर्भर करता है। उदाहरणतया, 0.04 परम वातावरण (abs) दाब पर वाष्पन (और संघनन) का तापक्रम 29°C होता है; यही वह दाब है, जो अक्सर वाष्पवैद्युत संयंत्र के संघनित्र में होता है (चित्र पृष्ठ 20 पर)। 1 abs दाब पर वाष्पन का तापक्रम 99.6°C होता है, 160 abs पर-347.3°C। इसीलिये, यदि प्रथम आकृति के पानी का दाब दूसरी आकृति के पानी के दाब से अधिक हो, तो दूसरी आकृति के पानी को पहली आकृति के पानी के ताप से वाष्प में परिणत किया जा सकता है। व्यवहार में यही करते हैं।

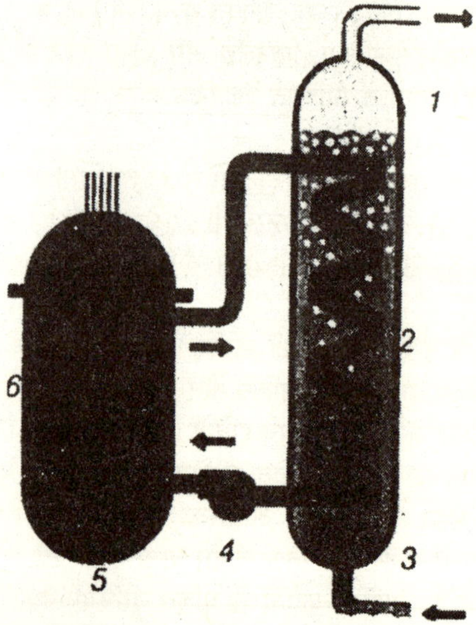

जल-जलीय रिएक्टर और तापविनिमायक-वाष्पजनित्र की बनावट का आरेख।

1. वाष्प; 2. वाष्प-जनित्र; 3. पानी;

4. पंप; 5. रिएक्टर; 6. ऊबैट

नोवोवरोनेज में स्थित 10 लाख kW वैद्युत क्षमता वाले परविक के जल-जलीय रिएक्टर में प्रथम आकृति के पानी का दाब 160 abs रखा गया है, और दूसरी आकृति के पानी का--60 abs। वाष्पन के तापक्रम हैं क्रमशः 347.3 और 275.6^{0}C।

चूँकि प्रथम आकृति के पानी का दाब बहुत ऊँचा होता है, इसलिये जल-जलीय रिएक्टर का सक्रिय क्षेत्र उच्च कोटि की धातु से बनी मोटी दीवार वाले कर्पस में रखना चाहिए। जल-जलीय रिएक्टर को सक्षेप में जजूर कहते हैं। उदाहरणार्थ, नोवोवरोनेज का परविक (क्षमता 10 लाख kW या 100^0 MW होने की वजह से) जजूर-1000 कहलाता है।

चित्र में तापीय न्युट्रोन से चलित जल-जलीय रिएक्टर वाले परविक की बनावट का आरेख दिया गया है (पृ. 42)। यह क्षिप्र न्युट्रोनों से चलित रिएक्टर वाले परविक की बनावट से काफी मिलता-जुलता है (तुलना करें पृ. 38 के चित्र से)। अंतर रिएक्टर वाले भाग की बनावट में है। क्षिप्र न्युट्रोनी रिएक्टर वाले परविक की बनावट कहीं जटिल है: इसमें द्वाकृतिक की जगह त्रयाकृतिक आरेख का उपयोग होता है और तापवाहक द्रव्य के रूप में द्रव क्षारीय धातु काम में लाया जाता है। क्षिप्र न्युट्रोनों के प्रत्यक्ष उपयोग से संबंधित कठिनाइयों के बारे में हम बता ही चुके हैं।

परविक में तापीय न्युट्रोनों से चलित जल-जलीय रिएक्टर सबसे ज्यादा प्रचलित हैं। इनका उपयोग सोवियत संघ, संयुक्त राज्य अमेरिका, फ्रांस, जनवादी जर्मन गणतंत्र, बुल्गारिया, चेखोस्लोवाकिया, फिनलैंड और अन्य देशों में हो रहा है।

वर्तमान समय में सोवियत वैज्ञानिक जजूरों की क्षमता 2000MW तक बढ़ाने में प्रयत्नशील हैं।

सोवियत संघ में तापीय न्युट्रोनों से चलित ऊर्जा-नाभिकीय रिएक्टर का दूसरा प्रकार--युरेनियम-ग्रैफाइटी रिएक्टर--भी प्रचलित है। इसमें न्युट्रोनों का मंदक ग्रैफाइट होता है और तापवाहक द्रव्य--साधारण पानी। इसकी बनावट कर्पसी न हो कर कैनली है।

चित्र में युरेनियम-ग्रैफाइटी ऊर्जीय कैनली रिएक्टर के सक्रिय क्षेत्र की बनावट का आरेख दिखाया गया है। सक्रिय क्षेत्र गैफाइट की ईंटों से बना चबूतरा-सा होता है, जिसमें उदग्र कैनल (नाल) बने होते हैं। अधिकतर कैनलों में तापरेची कैसेट स्थित होते हैं। इंधन के रूप में सांद्रित युरेनियम प्रयुक्त होता है। यह तापरेची अंग में उच्च दाब सहन करने वाली आंतरिक नली (जिसमें तापवाहक द्रव्य--साधारण पानी--बहता रहता है) और पतली दीवार वाली वाह्य नली के बीच छल्लेनूमा अवकाश में भरा जाता है। तापीय न्युट्रोनों से चलित युरेनियम-ग्रैफाइटी कैनली रिएक्टर वाले परविक का आरेख जल-जलीय रिएक्टर वाले परविक के आरेख से काफी भिन्न होता है (दे.पृ. 44 का चित्र)। यह एकाकृतिक आरेख है। तापवाहक द्रव्य--साधारण पानी--रिएक्टर के प्राविधिक कैनलों से गुजरता हुआ अपने दाब के अनुकूल संतृप्ति

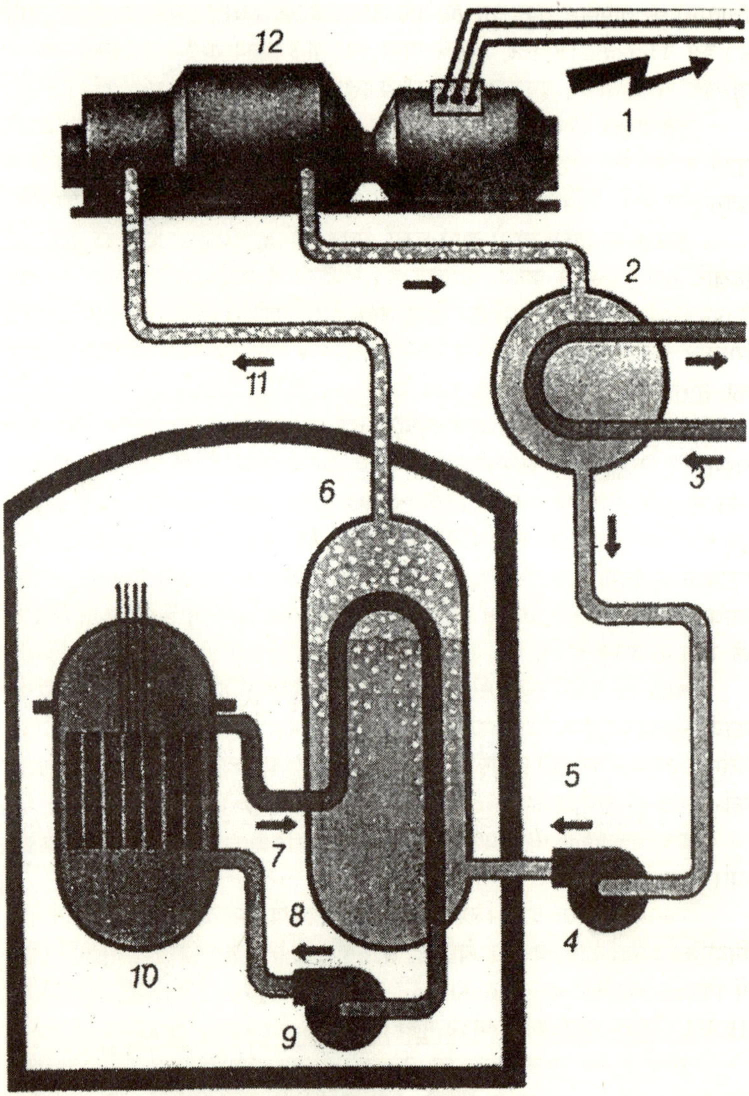

जल-जलीय रिएक्टर वाले परविक की बनावट का आरेख।

1. विद्युजनित्र; 2. वाष्प-संघनित्र; 3. शीतकारी जल; 4. द्वितीयक जल का पंप;

5. जल; 6. वाष्प-जनित्र; 7. जल;

8. जल; 9. आद्य जल का पंप;

10. रिएक्टय; 11. वाष्प; 12. वाष्प-चर्खी।

(वाष्पन) के तापक्रम तक गर्म ही नहीं होता, बल्कि अंशतः वाष्पित भी हो जाता है। इस प्रकार का रिएक्टर, जिसमें पानी (या कोई अन्य तापवाहक द्रव्य) वाष्प में परिणत हो जाता है, क्वथनी रिएक्टर कहलाता है।

इस प्रकार उत्पन्न आर्द्र वाष्प (एक ही संतृप्ति तापक्रम पर प्राप्त पानी और वाष्प का मिश्रण) पृथक्कारी में पहुँचता है, जिसका काम आर्द्र वाष्प को शुष्क संतृप्त वाष्प और पानी में विभक्त करना होता है। शुष्क वाष्प फिर वाष्प-जनित्र में जाता है।

आरेख में दाएँ भाग में वाष्प-चर्खी, वैद्युत जनित्र, वाष्प-संघनित्र और जल-पंप दिखाये गये हैं। इनसे पाठक परिचित हैं। संघनित्र से पानी पुनः रिएक्टर में जाता है, इसके पहले उसे थोड़ा गर्म कर लिया जाता है। कैनली, क्वथनी, युरेनियम ग्रैफाइटी रिएक्टर वाले परविक का कार्य-सिद्धांत यही है। इन बड़ी क्षमता वाले कैनली रिएक्टरों का संक्षिप्त नाम 'बक्षकैरि' रखा गया है।

10 लाख kW क्षमता वाले बक्षकैरि का बड़ी संख्या में निर्माण एक महत्त्वपूर्ण चरण है। इस बक्षकैरि-माला का प्रथम रिएक्टर लेनिनग्राद के परविक में 1973 के अंत में काम करने लगा था। बक्षकैरि-1000 करीब 280^0C तापक्रम और 65atm या 6.5 MPa दाब पर संतृप्त वाष्प देता है। 40 से 60 लाख kW क्षमता वाले परविकों के निर्माण में मुख्यतः ऐसे ही रिएक्टरों का उपयोग होता है। बक्षकैरि के आधार पर परविकों का विकास इन्हीं रिएक्टरों की क्षमता और आगे बढ़ाने की समस्या के साथ संबंधित है।

थोड़ा-सा अर्थशास्त्र—हम निम्न तीन प्रकार के विद्युकेंद्रों की बनावट और उनके कार्य-सिद्धांत का एक संक्षिप्त परिचय प्राप्त कर चुके हैं : ताविक, जविक और परविक। वर्तमान समय में इन तीन प्रकार के सभी विद्युकेंद्रों की कुल क्षमता विश्व की विद्युर्जा-तंत्र की क्षमता के बराबर है।

इन तीन प्रकार के विद्युकेंद्रों में कौन-सा बेहतर है? उदाहरण के लिए, ताविक और जविक के आर्थिक लंछनों (विशेषतासूचक राशियों) की तुलना करें।

किसी भी विद्युकेंद्र के लिए दो आर्थिक सूचकांक महत्त्वपूर्ण हैं : (a) प्रति kW नियोजित क्षमता का मूल्य—यह विद्युकेंद्र के निर्माण के लिए लगे कुल खर्च (पूंजी-निवेश) में विद्युकेंद्र की कुल क्षमता से भाग देने पर मिलता है; (b) विद्युकेंद्र द्वारा उत्पादित 1kW.h विद्युत-ऊर्जा का उत्पादन-मूल्य।

स्पष्ट है कि पहला सूचकांक—विशिष्ट निवेश—यह दिखाता है कि विद्युकेंद्र का निर्माण कितना महंगा है या, जैसा कि इंजिनियर लोग कहते हैं, यह विद्युकेंद्र की पूँजीग्राहिता को लंछित करता है। दूसरा सूचकाक—उत्पादन-मूल्य—उत्पादन के दैनंदिन खर्च के बारे में बताता है, जिसमें इकाई-उत्पादन पर कच्चा माल, संयंत्रों की मरम्मत, वेतन आदि आते हैं। अनुभव से पता चलता है कि जविक में विशिष्ट निवेश ताविक की अपेक्षा बहुत अधिक है। इसके विपरीत 1 किलोवाट-घंटा विद्युत-ऊर्जा

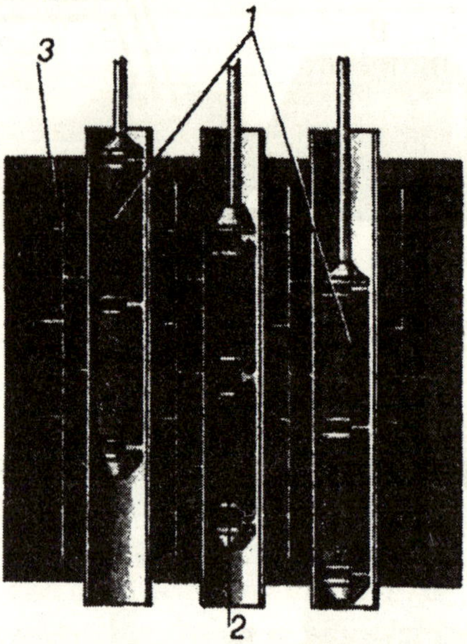

युरेनियम-ग्रैफाइटी नाल-रिएक्टर के सक्रिय भाग की बनावट का आरेख।

1. नियंत्रक छड़ें; 2. ऊष्मोत्सर्जक कैसेट;

3. ग्रैफाइट का अस्तर

के उत्पादन का मूल्य जविक में काफी कम होता है, बनिस्बत कि ताविक में।

फिर किस सूचकांक का विश्वास किया जाये?

उपरोक्त उदाहरण उत्पादन के किसी भी क्षेत्र पर लागू हो सकता है और बड़ी संख्या में किसी संयंत्र का निर्माण शुरू करने के पहले ऐसे प्रश्न को हल कर लेना जरूरी है।

विद्युत-संचार की योजना बनाते वक्त ऐसी कठिनाइयाँ और स्पष्ट रूप से उभरती हैं। तार की काट (अनुप्रस्थ काट) जितनी अधिक होगी, विद्युत-ऊर्जा की हानि भी उतनी ही कम होगी पर साथ ही तार की कीमत बढ़ जायेगी, क्योंकि उसमें मूल्यवान धातु का खर्च और बढ़ जायेगा। विलोमतः, यदि तार की काट कम की जाये, तो विद्युत-ऊर्जा की हानि बढ़ जायेगी, पर संचार-तंत्र सस्ता हो जायेगा (यदि अन्य परिस्थितियां ज्यों की त्यों रहें)।

विज्ञान-सम्मत हल कैसे ढूंढ़ा जाये?

सौभाग्यवश अर्थशास्त्र इसे हल करने के लिए एक कुंजी देता है, जिसे समझने के लिए हिसाबी खर्च नामक एक अवधारणा को देखना होगा।

हिसाबी खर्च K, कोपेक निम्न सूत्र से ज्ञात हो सकता है: $K=100V.\varphi/\tau+U$

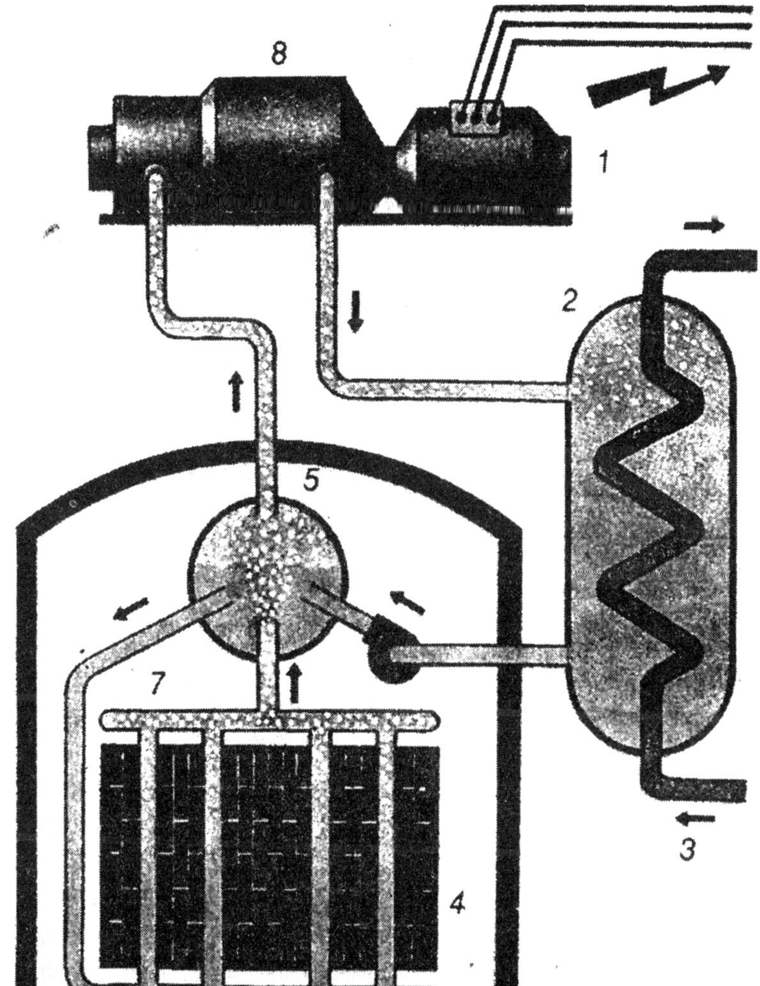

युरेनियम-ग्रैफाइटी नाल-रिएक्टर वाले परविक का आरेख।

1. विद्युजनित्र; 2. वाष्प-संघनित्र; 3. शीतकारी जल;

4. रिएक्टर; 5. वाष्प-पृथक्कारी; 6. जल-समाहर्ता

7. वाष्प-समाहर्ता; वाष्प-चर्खी

जहां V, $\frac{\text{रूबल}}{\text{kw}}$ रूबल विशिष्ट निवेश है; τ , घंटा/वर्ष में जितने घंटे तक विद्युकेंद्र काम करता है (पूर्ण नियोजित क्षमता के साथ);

U, $\frac{\text{कोपेक}}{\text{kW.h}}$ - विद्युत-ऊर्जा का उत्पादन-मूल्य;

φ, $\frac{1}{\text{वर्ष}}$ - निवृति-गुणांक, जो मूल लागत के छूटने (वापस होने) के कारण (निवृति-काल) का प्रतीप है (अकसर यह 0.15 के बराबर लिया जाता है, जो 7 वर्ष के बराबर निवृति-काल के अनुरूप है)।

किसी भी उद्यम के पूंजी-निवेश या निवृति-काल उसके निर्माण आदि पर पूँजी-निवेश में उद्यम से प्राप्त वार्षिक लाभ द्वारा भाग दे कर निर्धारित करते हैं।

हिसाबी खर्च के समीकरण में दूसरा पद उत्पादन-मूल्य है।

समीकरण का पहला पद एक प्रकार से एक 'कर' (टैक्स) को व्यक्त करता है जो हम प्रति इकाई उत्पाद (हमारे उदाहरण में--किलोवाट-घंटा) पर लगाना चाहते हैं। प्रति किलोवाट-घंटा पर इस 'कर' की राशि इस प्रकार निर्धारित की जाती है कि निवृति-काल के बराबर समय तक विद्युकेंद्र के काम करने पर 'कर' की कुल राशि विद्युकेंद्र के निर्माण के पूँजी-निवेश के बराबर हो जाये।

चूँकि गुणांक φ परिभाषानुसार निवृति-काल का प्रतीप है और दिखाता है कि विद्युकेंद्र वर्ष में कितने घंटे काम करता है, इसलिये समीकरण में φ बटा τ (या एक बटा τ निवृति-काल) यह व्यक्त करता है कि विद्युकेंद्र पूरे निवृति-काल में कितने घंटे काम करता है। पर इतने घंटों में विद्युकेंद्र इतने ही किलोवाट-घंटा (प्रति किलोवाट निर्धारित क्षमता के अनुसार) उत्पन्न करता है। इस प्रकार, हिसाबी खर्च के समीकरण का पहला पद और कुछ नहीं, कोपेक में व्यक्त पूँजीनिवेश (अंश में गुणक 100 इसीलिये तो रखा गया है; एक रूबल में 100 कोपेक होते हैं) बटा निवृति-काल में उत्पादित किलोवाट-घंटे, अर्थात् पूँजी-निवेश प्रति किलोवाट-घंटा है।

गुणांक φ का मान, जो निवृति-काल की प्रतीप राशि है, वास्तविक तो होना ही चाहिए, निर्देशकीय भी होना चाहिए। गुणांक φ का मान जितना ही अधिक होगा, अर्थात् निवृति-काल जितना ही कम होगा, आर्थिक दृष्टि से यह उतना ही अच्छा होगा। अक्सर गुणांक φ ऐसा चुनते हैं, जो कम से कम विचाराधीन उद्योग-शाखा के लिए समान रहे।

इस प्रकार, उच्चतम आर्थिक कारगरता निम्नतम हिसाबी खर्च के अनुरूप होता है।

इस बात पर भी ध्यान देना चाहिए कि उत्पादित वस्तु (हमारी स्थिति में–kW.h में विद्युत-ऊर्जा) पर लगाया गया 'कर' उत्पादन के विस्तार की संभावना और सामान्य राजकीय खर्चों (प्रशासन, सामाजिक-आर्थिक आवश्यकताओं, सुरक्षा आदि) की भी पूर्ति करता है।

भिन्न प्रकार के विधुकेंद्रों के विशिष्ट निवेश, उनके उत्पादन-मूल्यों के औसत आंकड़ों (जो सारणी 1 में दिये गये हैं) और हिसाबी खर्च के सूत्र की सहायता से ताविक, जविक और परविक की तुलना की जा सकती है।

सारणी के आंकड़ों और सूत्र की सहायता से यह देखा जा सकता है कि हिसाबी खर्च भिन्न प्रकार के विद्युकेंद्रों के लिए अपेक्षाकृत परस्पर निकट हैं। व्यवहार में हिसाबी खर्च का निर्धारण विशिष्ट निवेश और विद्युत-ऊर्जा की मूल लागत के औसत आंकड़ों के लिए नहीं, बल्कि विद्युकेंद्र के निर्माण और उसके उपयोग की वास्तविक परिस्थितियों को ध्यान में रखने के लिए होता है।

सारणी 1

विद्युकेंद्र का प्रकार	विशिष्ट निवेश, रूबल/kw	विद्युत-ऊर्जा का उत्पादन-मूल्य, कोपेक/kw.h
ताविक	200	1.00
जविक	350	0.05
परविक	370	0.80

उदाहरणार्थ, ताविक के लिए निर्णायक महत्त्व उसके निर्माण के लिए चुनी गयी जगह का है। यदि ताविक को इंधन के खान से बहुत दूर बनाना है, तो इस स्थिति में यातायात के कारण इंधन का मूल्य काफी ज्यादा हो जायेगा। इसके परिणामस्वरूप विद्युत-ऊर्जा का उत्पादन-मूल्य और हिसाबी खर्च भी बढ़ जाएँगे। यही कारण है कि ताविक नियमतः इंधन के खान के निकट बनाया जाता है। सोवियत संघ के युरोपियन भाग में ताविक का निर्माण इसी कारणवश अब लाभजनक नहीं माना जाता। चूँकि सोवियत संघ के यूरोपियन भाग में ऊर्जा के उपयोग की दृष्टि के सारे लाभदायक जलोर्जो स्रोत काम में लाये जा रहे हैं, इसलिये यहाँ अब परमाणुक विद्युकेंद्रों का भविष्य ज्यादा अच्छा है।

और्जिकी की समस्याएँ और कठिनाइयाँ

जैव और नाभिकीय इंधन के स्रोत–वर्तमान समय में विश्व के सभी देश मिल कर

सभी सुलभ स्रोतों से प्राप्त जितनी ऊर्जा खर्च करते हैं, वह कोयले, प्राकृतिक गैस और तेल के उपयोग लायक भंडार का सिर्फ 1 % अंश है।

पर ऊर्जा के सभी रूपों का उपयोग तेजी से बढ़ता जा रहा है। फिर आगे क्या होगा?

इस प्रश्न का उत्तर देने के लिए पहले ये देखना होगा कि पृथ्वी पर जैव इंधन (कोयले, प्राकृतिक गैस और तेल) का भंडार कितना है। भंडार दो तरह के हैं–पूर्ण भंडार और काम में आ रहे भंडार। किसी भी खान में स्थित इंधन व्यावहारिकतः शत-प्रतिशत उपयोग में नहीं आता। खनन-गुणांक इंधन के प्रकार, खान की स्थिति और खनन-तकनीक पर निर्भर करता है: तेल के लिए यह 0.3-0.4 अंतराल में है, प्राकृतिक गैस के लिए–0.5–0.8, कोयले के लिए–0.25–0.5 अंतराल में। कोयले के खनन का गुणांक इतना कम इसलिये है कि उसके कई खानों में उसकी परतें पतली हैं और धरातल से बहुत नीचे हैं। विशेषज्ञों ने आँका है कि पृथ्वी में जैव इंधन का भंडार (जिसमें कोयला, तेल और प्राकृतिक गैस तीनों ही आते हैं) 4.10^{12} टबइ अर्थात् 4000 अरब टन बदानी इंधन के बराबर है।

यह कम है, या ज्यादा?

1980 में विश्व के सभी देशों द्वारा सभी प्रकार के स्रोतों से प्राप्त ऊर्जा का कुल उपभोग करीब 10 अरब टबइ था। जहाँ तक कि भविष्य की बात है, विशेषज्ञों का अंदाज है कि सन् 2000 ई. में सभी ऊर्जा-स्रोतों का उपभोग 20 अरब टबइ तक पहुँचेगा। यदि इस आंकड़े को सच माना जाये, तो मानव के लिए जैव ऊर्जा का भंडार सिर्फ 200 साल के लिए ही बचा है। यह सच है कि इस मूल्यांकन में द्रुत विकासशील परमाणुक और्जिकी, उसके नाभिकीय इंधन के भंडार, जलोर्जी व अन्य ऊर्जीय स्रोतों (जैसे सौर ऊर्जा, पृथ्वी की गहराइयों में स्थित तापीय ऊर्जा आदि) के उपयोग को ध्यान में नही रखा गया है।

नाभिकीय इंधन के स्रोत कैसे हैं और किस हद तक ये स्रोत मानव के लिए ऊर्जा की आपूर्ति को प्रभावित कर सकते हैं?

चूँकि थोरियम का और्जिकी में अभी तक कोई व्यावहारिक उपयोग नही हो पाया है, इसलिए हम सिर्फ युरेनियम के स्रोतों के बारे में बताएँगे (यद्यपि बहुत से विशेषज्ञ मानते हैं कि पृथ्वी पर थोरियम ज्यादा है)।

युरेनियम पृथ्वी पर काफी फैला हुआ है। पर जिस सांद्रता में वह ग्रैनाइट व अन्य चट्टानों में और साथ ही समुद्री पानी में मिलता है, वह बहुत कम है। अयस्क में खनिज का अनुपात जितना ही कम होगा, उसे प्राप्त करना उतना ही अधिक महंगा पड़ेगा। इसीलिये युरेनियम के स्रोत का प्रश्न उठने पर अक्सर 1kg प्राकृतिक धातुई युरेनियम (और इसीलिये, अवयवानुपात ^{235}U—0.7% तथा ^{238}U–99.3%) का एक अनुमत मूल्य चुन लेते हैं और हिसाब लगाते हैं कि इस मूल्य पर कितना

प्राकृतिक युरेनियम प्राप्त हो सकता है। इस तरह के कलन संयुक्त राज्य अमेरिका के विशेषज्ञों ने संपन्न किये हैं।

सारणी-2

प्राकृतिक धातुई युरेनियम का अनुमत मूल्य, डालर/kg	नाभिकीय रिएक्टर के प्रकार	खनिज धातुई युरेनियम का ऊर्जिक समतुल्य, टबइ
200	तापीय न्युट्रोनी	10^{12}
	क्षिप्र न्युट्रोनी	10^{14}
500	तापीय न्युट्रोनी	10^{13}
	क्षिप्र न्युट्रोनी	10^{15}

सारणी 2 से स्पष्ट है कि खनिज नाभिकीय इंधन के स्रोत थोरियम के बिना भी बहुत अधिक हैं। यदि खनिज प्राकृतिक युरेनियम का मूल्य सिर्फ 200 डालर प्रति किलोग्राम तक ही सीमित कर दिया जाये (अर्थात् यदि आप 1kg युरेनियम के लिए 200 डालर तक खर्च करने के लिए तैयार हैं), तो प्राकृतिक युरेनियम का भंडार जैव इंधन, अर्थात् कोयला, गैस व तेल के कुल खन्य भंडार के बराबर होगा। यदि 1kg प्राकृतिक युरेनियम का महत्तम अनुमत मूल्य 500 डालर ही अपनाया जाये और मान लिया जाये कि क्षिप्र न्युट्रोनी रिएक्टर प्रयुक्त होंगे, तो प्राकृतिक युरेनियम का खन्य भंडार जैव-इंधन के खन्य भंडार से 1000 गुना अधिक होगा।

एक रोचक तथ्य पर ध्यान दें कि प्रति टन बदानी इंधन के हिसाब से नाभिकीय इंधन का मूल्य इस बात पर बहुत निर्भर करता है कि किस प्रकार के रिएक्टर में खनिज युरेनियम का प्रयोग होगा। 1kg प्राकृतिक युरेनियम का मूल्य 200 डालर रखने पर इस नाभिकीय इंधन का एक टन बदानी इंधन के हिसाब से मूल्य तापीय न्युट्रोनी रिएक्टर में 10 रूबल/टबइ होगा और क्षिप्र न्युट्रोनी रिएक्टर में 10 कोपेक/टबइ होगा (कहने का अर्थ है कि 200 डालर मूल्य वाले 1kg प्राकृतिक युरेनियम को तदनुरूप बदानी इंधन में परिणत करने पर मूल्य क्रमशः 10 रुबल/टबइ और 10 कोपेक/टबइ होगा)। 1kg प्राकृतिक युरेनियम का मूल्य 500 डालर तक रखने पर तदनुरूप मूल्य होंगे—क्रमशः 25 रूबल/टबइ और 25 कोपेक/टबइ। इसका अर्थ है कि नाभिकीय इंधन के भंडार बहुत बड़े हैं।

निष्कर्ष क्या हो सकते हैं? जैव तथा नाभिकीय इंधन के भंडार बहुत बड़े हैं और आदमी को ऊर्जा की किसी ऐसी भूख का सामना नहीं करना पड़ेगा, जिसके कारण पूरी सभ्यता ही नष्ट हो जायेगी। इसके अतिरिक्त, विज्ञान समाज-विकास

और उसकी संपदा के नये-नये भौतिक आधारों का निरंतर आविष्कार करता जायेगा।

वर्तमान ऊर्जा-संकट के क्या कारण हैं? जैव व नाभिकीय इंधन के भंडार दुबारा नहीं भरे जा सकते। लेकिन अब तक ऊर्जा का उपभोग बहुत ज्यादा नहीं था, इसलिए इस तथ्य के बारे में कोई सोचता नहीं था। अब जैव-इंधन के भंडार की तुलना में ऊर्जा-उपभोग बहुत अधिक हो गया है। कच्चे तेल के साथ स्थिति और भी गंभीर है। विमानन और औटोमोबाइल में इंधन के रूप में व्यावहारतः सिर्फ कच्चे तेल के उत्पादों (जैसे पेट्रोल, डीजल, किरासीन) का इस्तेमाल होता है, इसलिये यातायात के इन साधनों के द्रुत विकास से कच्चे तेल की उपभोग-मात्रा में बहुत वृद्धि हुई है। 1970 में जैव-इंधन में पेट्रोलियम और गैस का उपभोग करीब 70% तक पहुँच गया था, जबकि जैव-इंधन में इनका भंडार 20% से कम ही है। इसीलिये सोचने का वक्त आ गया है। विश्व-मंडी में पेट्रोलियम (कच्चे तेल) के भाव में वृद्धि और उसके भंडार का विश्व के देशों में असमान वितरण ने ऊर्जा के दूसरे स्रोतों की अपेक्षा तेल के बेतहाश और निरंकुश उपभोग को और स्पृश्य बना दिया है।

इसीलिये और्जिक संतुलन में नाभिकीय इंधन और कोयले का अनुपात बढ़ा देना चाहिए, इससे तेल के उपभोग की प्रतिशत-मात्रा कम हो जायेगी। यह भी जरूरी है कि कोयले से कृत्रिम द्रव इंधन प्राप्त करने की अच्छी अर्थसंगत प्रविधि का विकास और उपयोग किया जाये, क्योंकि ऊर्जा के ऐसे भी उपभोक्ता हैं, जो सिर्फ उच्च कोटि के द्रव इंधन (जैसे पेट्रोल, डीजल, किरासीन) का ही उपयोग करते हैं। वर्तमान समय में यह कहना कठिन है कि इनमें से कम से कम कुछ उपभोक्ता भी कब इंधन के दूसरे स्रोतों के साथ काम करने लगेंगे। तथाकथित प्रत्यादनी ऊर्जा-स्रोतों (जैसे सौर ऊर्जा, जल-ऊर्जा, पवन ऊर्जा, ज्वार व समुद्री लहरों की ऊर्जा, पृथ्वी की गहराई में पायी जाने वाली तापीय ऊर्जा) के उपयोग की उच्च कारगर विधियों का विकास और उनका विस्तृत उपयोग भी आवश्यक है। ऊर्जा-स्रोतों का व्यापक तौर पर मितव्यय भी कम महत्वपूर्ण नहीं है (और इस बात पर पाठकों को भी ध्यान देना चाहिए)।

ऊर्जा-परिवहन—विद्युत-ऊर्जा का उपभोग साल-दर-साल बढ़ता जा रहा है। विद्युकेंद्रों का निर्माण-स्थल जैसे मन आये, नहीं चुन सकते : जविक का निर्माण-स्थल जलोर्जी स्रोतों द्वारा निर्धारित होता है, ताविक का—इंधन व जल की आपूर्ति के स्रोतों पर निर्भर करता है, परविक के लिए अधिक विस्तृत चयन-संभावनाएँ हैं, पर इस हालत में भी पास में जल की आपूर्त्ति के लिए स्रोत होना चाहिए (क्योंकि वाष्प के संघनन के लिए शीतकारी जल की बहुत बड़ी मात्रा में आवश्यकता पड़ती है)।

ताविक व जविक के निर्माण-स्थल का चुनाव करते वक्त परिवहन-व्यय को भी ध्यान में रखना चाहिए। ताविक के लिए तार द्वारा विद्युत-ऊर्जा के संचार और इंधन के रेलवे नली-परिवहन का अध्ययन तथा उनकी तुलना करनी चाहिए। जविक

के लिए सिर्फ विद्युत-ऊर्जा के संचार को देखना पड़ता है।

वर्तमान समय में ऊर्जा-परिवहन के सभी साधनों में सबसे लाभदायक है नलियों के सहारे पेट्रोलियम पंपित करना। बड़े-बड़े टंकियों में तेल और उसके उत्पादों को भर के भेंजना भी आर्थिक दृष्टि से इतना ही लाभकर है। परिवहन पर कम खर्च के कारण ही विश्व-मंडली में तेल का मूल्य उसके उपभोग के स्थान पर निर्भर नहीं करता। सभी द्रवों की तरह तेल का संकोचन भी लगभग नहीं के बराबर होता है, इसीलिये उसके पंपन पर व्यय नली के सिर्फ घर्षण-बल दूर करने की आवश्यकता द्वारा निर्धारित होता है, अर्थात् अपेक्षाकृत बहुत कम होता है, पर वैद्युत और्जिकी में तेल और उसके उत्पादों का उपयोग कम होता जा रहा है। यह प्रवृत्ति ज्यों की त्यों ही नहीं रहेगी, वरन् तेज होती जायेगी।

नलों के सहारे प्राकृतिक गैस का परिवहन कहीं अधिक महंगा है। चूँकि गैस का संकोचन होता है, इसलिये तेल के नल में प्रयुक्त पंप की जगह इसमें संपीडक की आवश्यकता होती है।

द्रवित अवस्था में गैस का परिवहन भी अर्थहीन नहीं है। पंपन पर ऊर्जा का खर्च तुरंत घट जाता है और उसी मात्रा में परिवाह्य गैस के लिए कहीं कम व्यास की नलियां चुनी जा सकती हैं।

जहाँ तक लंबी दूरियों तक कोयले के परिवहन का प्रश्न है, इसके लिए सिर्फ रेलगाड़ी और जलमार्गों का प्रयोग होता है।

पिछले समय से कंटेनर में, नलपथ द्वारा और पल्प के रूप में कोयले के परिवहन ने ध्यान आकर्षित किया है (पल्प आधा भाग पानी और आधा भाग चूर्ण कोयले के मिश्रण को कहते हैं)। इस दिशा में काम सचमुच रोचक है।

ऊर्जा-परिवहन का अधिक व्यापक साधन तारपथ है। इससे ऊर्जा का सिर्फ एकतरफा संचार ही नहीं (जैसा कि तेल और गैस के परिवहन में होता है), बल्कि अलग-अलग विद्युकेंद्रों और पूरे के पूरे और्जिक तंत्रों के बीच संबंध भी संभव है। इस तरह का संबंध और्जिक तंत्रों के कार्य की विश्वसनीयता बढ़ाने, वैद्युत ऊर्जा के अधिकतम व अल्पतम उपभोग-काल में तंत्र के कार्य को सरल करने में सहायक होता है।

मुख्य आर्थिक सूचकांकों—विशिष्ट पूँजी-निवेश और संदोहनव्यय—में तारपथ फिलहाल तेल-परिवहन ही नहीं, गैस-परिवहन से भी पीछे है। दूरगामी विद्युत-संचारपंथ के विकास की सामान्य प्रवृत्ति अभी वोल्टता ऊँची करने की है : वह जितनी ही ऊँची होगी, विद्युत-धारा उतनी ही कम होगी और इसीलिये तारों से वैद्युत ऊर्जा का व्यर्थ क्षेप भी उतना ही कम होगा। इस क्षेप की प्रकृति बहुत साधारण है : वैद्युत ऊर्जा ताप में परिणत हो कर विकीर्णित हो जाती है।

तारपथ में वोल्टता ऊँचा करने में मुख्य बाधा हवा की चालकता है। विद्युत-संचार

के दूरगामी तारपथों को आजकल इस प्रकार बनाते हैं : धातु के तार, जिनमें विद्युत-धारा बहती है, विशेष प्रकार के टेकों और पृथक्कारियों की सहायता से हवा में लटकाये जाते हैं। हवा की वैद्युत प्रतिरोधिता पर्याप्त अधिक होनी चाहिए, ताकि 'हवा के छेद' न बन जाये (वोल्टता बढ़ाने पर एक ऐसा क्षण आता है, जब पृथक्कारी में भी धारा बहने लगती है; इस स्थिति में कहते हैं कि "पृथक्कीर में छेद" हो गया है, इसके लिए आवश्यक वोल्टता को 'छेदक' कहते हैं)। यही मुसीबत है कि वोल्टा की एक नियत सीमा पर पहुँचने के बाद हवा की चालकता तेजी से बढ़ने लगती है।

वर्तमान समय में स्थिर और परिवर्ती दोनों ही प्रकार की धाराओं वाले तारपथों का इस्तेमाल होता है; इनमें से प्रत्येक के अपने-अपने गुण और अवगुण हैं।

स्थिर धारा वाले तारपथ का उपयोग अब विस्तृत होता जा रहा है, क्योंकि स्थिर धार के पथ में अनुमत काजकर वोल्टता अधिक ऊँची है–1.5-2 गुनी अधिक, बनिस्बत कि परिवतर्ती धारा में। इसीलिये ये बड़ी दूरियों के लिए उपयुक्त हैं।

स्थिर धारा वाले तारपथ की खामी यह है कि इसमें धारा के दो रूपांतरक (ट्रांसफार्मर) लगाने पड़ते हैं : एक, जो पथ के प्रेषक सिर पर परिवर्ती धारा को स्थिर धारा में रूपांतरित करता है, और दूसरा–जो ग्राहक सिरे पर स्थिर धारा को परिवर्ती धारा में रूपांतरित करता है। पिछले समय में रूपांतरक तकनीक में काफी सफलता मिली है (निर्वात प्रयुक्तियों की जगह अर्धचालकों की बनी प्रयुक्तियों का उपयोग होने लगा है), फिर भी रूपांतरकों का मूल्य काफ़ी ऊँचा है।

चूँकि पूँजी-निवेश में मितव्ययता के लिए तारपथ में सिर्फ दो धारा-रूपांतरिक लगाये जाते हैं–एक प्रेषक सिरे पर और दूसरा ग्राहक सिरे पर, इसलिए पथ के बीच से कहीं भी बिजली नहीं ली जा सकती। स्पष्ट है कि आगे चल कर स्थिर धारा वाले तारपथ का प्रयोग और भी बड़ी दूरियों पर किया जायेगा (जैसे पूर्वी साइबेरिया से, जहाँ कोयला और जलोर्जा के बड़े-बड़े भंडार हैं, सोवियत संघ के यूरोपियन भाग में बिजली लाने में)।

सोवियत संघ में स्थिर व परिवर्ती दोनों ही प्रकार की धाराओं वाले आधुनिक तारपथों के निर्माण में काफ़ी सफलता मिली है। 750kW वोल्टता का परिवर्ती धारा वाला तारपथ बन चुका है और अब 1150kW का तारपथ बनाने का प्रयत्न किया जा रहा है। स्थिर धारा वाली 800kW ($\pm$ 400kW) वोल्टता के तारपथ बनाये गये हैं और अब 1500kW ($\pm$ 750kW) के स्थिर धारा वाले तारपथ बनाये जा रहे हैं।

तार के सहारे विद्युत-ऊर्जा के संचार के विकास का संबंध हवाई तारपथ के साथ ही नहीं, केबुल के साथ भी है, जिसे अक्सर जमीन के भीतर बिछाया जाता है। इसमें बिजली का तार पृथक्कारी समेत एक आपरगम आवरण में लिपटा होता है।

केबुल-पथ की एक विचाराधीन रूप-रेखा के अनुसार उसमें पृथक्कारी पदार्थ के रूप में अपेक्षाकृत उच्च दाब पर स्थित एक ऐसा गैस होग, जिसकी विद्युचालकता कम होगी और पारवैद्युत दृढ़ता बहुत अधिक होगी। इस प्रकार का गैस है सल्फर हेक्साफलोराइड (SF_6)। तकनीक में इसका उपयोग शुरू हो गया है; वैद्युत तकनीशियन इसे एलेगैस कहते हैं। तारपथ के विकास की दूसरी दिशा विद्युत-संचार के तथाकथित शीतजनी (क्रियोजेनिक; क्रियो–अत्यधिक ठंड) और अतिवाही तार-पथों का निर्माण करना। शीतजनी तारपथों की धारणा इस तथ्य पर आधिरत है कि धातुओं (विशेषकर शुद्ध धातुओं) का वैद्युत प्रतिरोध उनका तापक्रम कम होने पर घटता जाता है। उदाहरणर्थ, यदि शुद्ध अलुमीनियम 99.99Al को 20k (–253^{0}C–द्रव हाइड्रोजन के तापक्रम) तक ठंडा किया जाये, तो उसका वैद्युत प्रतिरोध करीब 500 गुना कम हो जायेगा।

अतिवाही पथों के निर्माण का आधार अतिचालकता की संवृत्ति है। इस संवृत्ति के व्यावहारिक उपयोग के साथ आज तकनीकी प्रगति की अनेक दिशाएं संबंद्ध हैं और इसका सार है कि किसी नियत निम्न तापक्रम पर पहुँच कर शुद्ध धातु अधिक अतिवाही हो जाते हैं, अर्थात् उनका वैद्युत प्रतिरोध शून्य के बराबर हो जाता है। जिस तापक्रम पर यह घटना घटती है, उसे चरम तापक्रम कहते हैं। पर कठिनाई यह है कि अतिचालकता के लिए चालक को हीलियमी तापक्रम (द्रव हीलियम के तापक्रम 4.2K= –268.8^{0}C) तक ठंडा करना पड़ता है।

विज्ञान (कम से कम आज का!) ऐसे अतिवाही द्रव्य के अस्तित्व की संभावना का विरोध नहीं करता, जिसके लिए चरम तापक्रम ऊँचा हो। कल्पना करें कि ऐसे अतिवाही द्रव्य की खोज कितनी बड़ी उपलब्धि होगी, जिसके लिए चरम तापक्रम कमरे के तापक्रम के निकट होगा! पर अभी तक ऐसा द्रव्य भी नहीं मिल सका है, जिसके अतिवाही गुण कम से कम द्रव नाइट्रोन के तापक्रम (–196^{0}C) पर प्रकट होते हों। इस दिशा में खोज जारी है।

अतिवाही केबुल की संरचना निम्न प्रकार की हो सकती है। अतिवाही तार एक नली में रख सकते हैं, जिसमें द्रव हीलियम भरा हो। बाहर से नली को अच्छी तरह से ताप-वियुक्त (ताप के लिए अपारगम) होना चाहिए। अतिवाही के रूप में, उदाहरणार्थ, नियोबियम, टिटेनियम और जिर्कोनियम का संगलन प्रयुक्त हो सकता है, जिसके लिए चरम तापक्रम 9.7K(–263.3^{0}C) होता है।

इस प्रकार, अतिवाही तारपथ के लाभ स्पष्ट है : इसमें विद्युत-ऊर्जा का क्षेप नहीं होता है और जिस धातु से तार बनता है, उसका मितव्यय होता है। यह सच है कि अतिवाही द्रव्य का मूल्य काफी ऊँचा होता है, पर उम्मीद की जा सकती है कि उसका उत्पादन बढ़ने पर उसके मूल्य में भी कमी होगी। इसके अतिरिक्त, अतिचालक और शीतजनी उपस्करों का तापक्रम निम्न बनाये रखने में भी काफी खर्च होगा।

विद्युत-संचार के शीतजनी पथ के बारे में कह सकते हैं कि इसके लाभ-हानि सिद्धांततः वैसे ही हैं, जैसे अतिवाही पथ के।

ऊर्जा-परिवहन की समस्याओं के बारे में बात खत्म करते-करते ऊर्जा-संचार के एक और साधन के बारे में थोड़ा सा बता दें, जिसका भविष्य संभवतः कुछ कम नहीं है। यहाँ 'संभवतः' शब्द का प्रयोग किया जा रहा है, क्योंकि इसके पीछे जो धारणाएं है, वे इतनी असाधारण और नयी है कि अभी उसके कार्यान्वयन की संभावनाओं का भी मूल्यांकन करना कठिन है।

बात शक्तिशाली परमाणुक या सौर विद्युकेंद्रों की है, जिसे परिवेश—रक्षा के उद्देश्य से पृथ्वी के निकटवर्ती अंतरिक्षी व्योम में बनाया जायेगा। इस स्थिति में इन केंद्रों द्वारा उत्पादित विद्युत-ऊर्जा को पृथ्वी पर अत्युच्च आवृत्ति वाले परास के विद्युचुंबकीय विकिरण के रूप में भेजा जायेगा। इस तरह का विकिरण संकीर्ण दिष्ट पुंज के रूप में भेजा जा सकता है, क्योंकि वह प्रकाश-किरणों की तरह ही संकेद्रित किया जा सकता है।

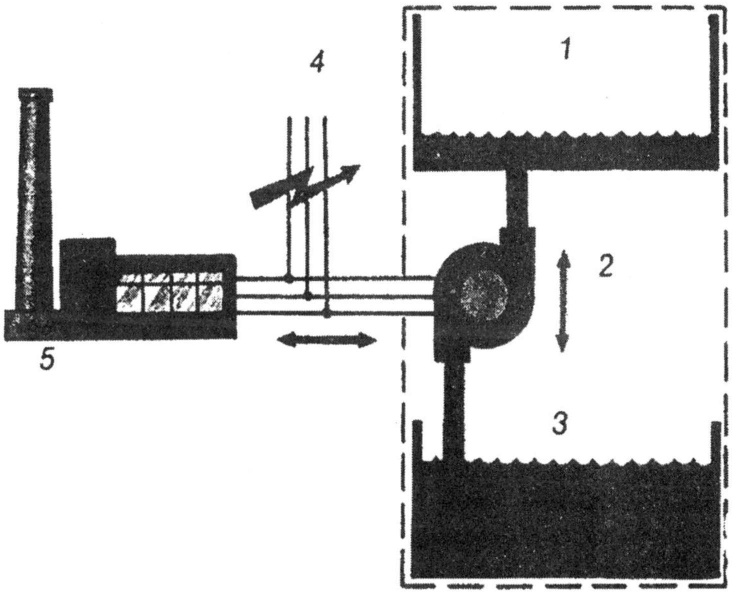

जलसंचायक विद्युकेंद्र का आरेख।

1. ऊपरी जलाशयः 2. पंप—चर्खीः 3. निचला जलाशयः
4. उपभोक्ता की ओरः 5. जल विद्युकेंद्र

ऊर्जा का संचयन–ऊर्जा-संचायकों के कई प्रकार है। हम सिर्फ उनका वर्णन करेंगे, जो सबसे अधिक दिचस्प है।

यांत्रिक संचायन–चित्र में (पीछे) जलसंचायक विद्युकेंद्र (जसविक) का आरेख दिखाया गया है। मांग घटने पर बची हुई विद्युत-ऊर्जा जसविक में पानी को निचले कुंड से ऊपरी कुंड में पंपित करने के काम आती है। इस प्रकार 'बची हुई' विद्युत-ऊर्जा यांत्रिक (स्थितिज) ऊर्जा में परिणत हो जाती है। मांग अधिक बढ़ने पर पानी को ऊपरी कुंड से निचले कुंड में जलचर्खी–जनित्र से होकर बहाया जाता है, जिससे अतिरिक्त वैद्युत ऊर्जा उत्पादित होती है।

चित्र में जलविद्युकेंद्र, ऊपरी व निचला कुंड और कुंडों को जोड़ने वाला नलपथ दिखाया गया है। पंपचर्खी–संयंत्र पंप की तरह भी काम कर सकता है और जलचर्खी की तरह भी। वह जनित्र–मोटर से संबद्ध होता है, जो पंप चलाने के लिए वैद्युत मोटर का काम कर सकता है और साथ ही विद्युत-जनित्र का भी काम कर सकता है।

वर्तमान समय में जसविक विद्युकेंद्र के लिए एक उत्तम संचायक उपकरण है। उसकी बनावट सरल है और काम में भी वह विश्वसनीय है। उसे चालू करने में भी बहुत कम समय लगता है–सिर्फ कुछ मिनट भर, और आवश्यकता पड़ने पर–एक मिनट के अंदर ही।

जसविक के निर्माण का मूल्य काफी ऊंचा है। लेकिन वह काफी कम हो जाता है, यदि जमीन की आकृति ही ऐसी होती है, जिससे दो विभिन्न स्तरों पर कुंड बनाना सरल होता है। जसविक की दूसरी कमी है उसका अपेक्षाकृत कम दक्षता-गुणांक यह करीब 70% है। इसका अर्थ है कि जसविक पर प्रयुक्त विद्युत-ऊर्जा का सिर्फ 70% अंश उपभोक्ताओं तक पहुंच पाता है। पर पहुँता है ऐन मौके पर!

दूसरे प्रकार का भी एक **यांत्रिक संचायक** है, जो यातायात के साधनों में प्रयुक्त होता है। इसका कार्य-सिद्धांत आश्चर्यजनक रूप से सरल है। यह संचायक एक बहुत बड़े द्रव्यमान के गतिसामक चक्के से बना होता है, जिसे बहुत बड़ी आवृत्ति का घूर्णन दिया जाता है। चक्के द्वारा संचित ऊर्जा और कुछ नहीं, उसकी गतिज ऊर्जा ही है। इसे और बढ़ाने के लिए गतिसामक चक्के का द्रव्यमान और उसके घूर्णन की संख्या बढ़ानी पड़ती है। ऐसे गतिसामक चक्के के लिए, जिसका द्रव्यमान दसियों किलोग्राम तक होता है और जिसकी घूर्णनावृत्ति 200 हजार चक्कर/मिनट तक पहुँचती है, पूरे उपकरण में सबसे मजबूत निर्माणसामग्रियों–इस्पात और काँचप्लास्टिक–का उपयोग करना चाहिए (काँच-प्लास्टिक–प्लास्टिक में काँच के रेशों के अंतर्वेशन से बना द्रव्य, जो अधिक मजबूत होता है)।

गतिसामक चक्के के घूर्णन में ऊर्जा का क्षेप (हानि) चक्के की सतह व हवा के बीच घर्षण और बेयरिंग में घर्षण के कारण होता हैं। क्षेप को कम करने के

लिए चक्के को एक खोल में बंदकर देते हैं और उसमें से हवा निकाल लेते हैं। इसके अतिरिक्त, सबसे अच्छी बनावट वाली बेयरिंग का उपयोग किया जाता है। इन परिस्थितियों में चक्के का वार्षिक क्षेप 20% से भी कम हो सकता है। वर्तमान समय में यात्री-बसों के प्रयोगाधीन नमूने बन चुके है, जिनमें इस प्रकार के ऊर्जा-संचायक पयुक्त हो रहे है।

विद्युरसायनिक संचायक—इनके बारे में हम बहुत संक्षेप में बताएंग, क्योंकि वर्तमान समय में मुख्य ऊर्जा-स्रोत के रूप में इनका उपयोग बहुत कम है। विद्युरसायनिक संचायक का पोषण (आवेशन) वैद्युत ऊर्जा से होता है, जो संचायक में रसायनिक ऊर्जा में रूपांरित हो जाता है। काम करते वक्त वह रसायनिक ऊर्जा को पुनः विद्युत-ऊर्जा में परिणत करके देता है। आधुनिक विद्युरसायनिक संचायक सैकड़ों और यहाँ तक कि हजारों बार आवेशित-निरावेशित किए जा सकते है, उनकी क्वालीटी में कोई खास कमी नहीं आती। इनका उपयोग मुख्यतः अंतर्दाही इंजन चालू करने में होता है। वर्तमान समय में अपेक्षाकृत सस्ते सीसा-अम्ल संचायक काम में आते है, रजत-कैडमियम संचायकों के लंछांक (सूचकांक) अधिक अच्छे है, पर वे अधिक महंगे है।

विद्युरसायनिक संचायकों की मुख्य कमी है कि उनमें संचित ऊर्जा का विशिष्ट मान (विशिष्ट ऊर्जा—संचायक के 1kg भार पर संचित ऊर्जा का मान) बहुत कम होता है। यदि अधिक शक्तिशाली संचायक बनाना हो, जिससे उदाहरणार्थ, कार का मोटर चालू किया जा सके और कार में कुछेक सौ किलोमीटर तक घूमा भी जा सके, तो संचायक इतना बड़ा होगा कि कार उसके अतिरिक्त और कुछ नहीं ढो सकेगी। सीसा-अम्ल संचायक की विशिष्ट ऊर्जा करीब 100kJ/kg होती है, रजत-कैडमियम की—करीब 400 kJ/kg होती है, तुलना करें कि पेटोल की तापोत्दपादक क्षमता करीब 400kJ/lit है। यही कारण है कि बिजली गाडियों और विद्युरसायनिक संचायकों का उपयोग बहुत कम है, उदाहरणतया, सिर्फ उन्हीं स्थितियों में, जब रास्ता छोटा हो और कई बार रुकना पड़ता हो (जैसे डाक या दूध पहुँचाने के लिए गाड़ियों में)।

ताप-संचायक—इन संचायकों के प्रति दिलचस्पी साल ब साल बढ़ती जा रही। पिछले समय से गर्म करने के लिए सौर ऊर्जा का प्रयोग दुनिया के अनेक क्षेत्रों में हो रहा है। पर पार्थिव परिस्थितियों में सूरज ऊर्जा का कोई स्थायी स्रोत नहीं हैः दिन में सौर विकिरण है और रात में नहीं इसीलिए सौर ऊर्जा से घर गर्म रखना सिर्फ ताप-संचायकों की सहायता से संभव हैः दिन में वह सौर विकिरण से प्राप्त ताप संचित करता है और रात में उसे खर्च करता है।

ताप-संचायकों के दो मुख्य प्रकार है : एक में संचायक का काजकर पिंड गर्म होने से ताप का संचय होता है (इसमें काजकर पिंड का तापक्रम बढ़ जाता है) और

दूसरे में काजकर पिंड एक संकुली अवस्था से दूसरी में (ज्यादातर ठोस से द्रव में) आकर ताप संचित करता है : इस स्थिति में काजकर पिंड का तापक्रम नहीं बढ़ता, या बहुत कम बढ़ता है।

प्रथम प्रकार के संचायक से उपभोक्ता को ताप काजकर पिंड के ठंडा होने से और उसका तापक्रम कम होने से मिलता है, जबकि दूसरे प्रकार के संचायक से—काजकर पिंड के आरंभिक संकुली अवस्था में लौटने (जमने) से।

ताप-संचायक की बनावट चाहे कैसी भी हो, एक मुख्य सिद्धांत का पालन जरूरी होता है : काजकर पिंड का तापक्रम यथासंभव ऊँचा रखना चाहिए, यदि हो सके, तो जिस ताप-स्रोत से संचायक "आवेशित" किया जा रहा है, उस ताप स्रोत के तापक्रम के निकट तक। ताप-स्रोत का तापक्रम जितना ही अधिक होगा, उसमें संचित ताप उतना ही मूल्यवान होगा। आखिरकार, यदि ताप के स्रोत का तापक्रम परिवेश के तापक्रम जितना होता, तो ऐसे स्रोत और उसमें संचित ऊर्जा का कोई मूल्य ही नहीं रहता, उनकी किसी को जरूरत ही नहीं पड़ती। इसके अतिरिक्त काजकर पिंड को परिवेश से अच्छी तरह तापवियुक्त होना चाहिए, ताकि ऊर्जा के अवश्यंभावी क्षेप को न्यूनतम किया जा सके और पिंड का अधिक ऊँजा तापक्रम सुरक्षित रखा जा सके।

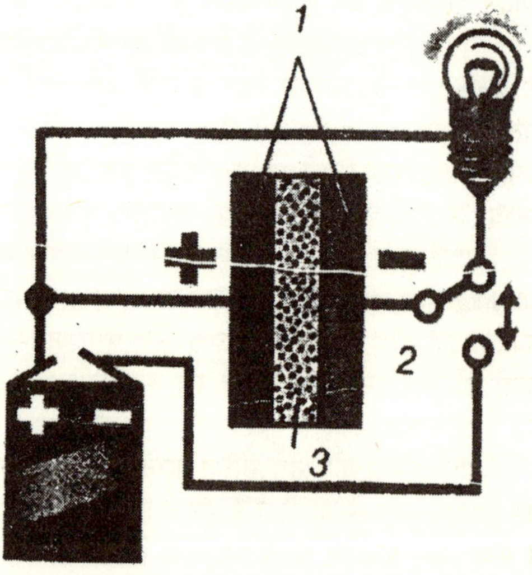

संघनित्र का आरेख।
1. विद्युद (अस्तर);
2. स्विच; 3. पारविद्युक।

ताप-संचायक के आकार का भी बहुत बड़ा महत्त्व है (नाभिकीय इंधन के लिए चरम द्रव्यमान का स्मरण करें)। उसके काजकर पिंड का आयतन जितना ही अधिक होगा, उसकी सतह और उसके आयतन का अनुपात उतना ही कम होगा

और इसीलिये ऊर्जा के सापेक्षिक (विशिष्ट) क्षेप (जैसे इकाई संचित ताप पर क्षेप या काजकर पिंड के इकाई द्रव्यमान पर क्षेप) भी कम होंगे।

विद्युत-संचायक–हम लोग वर्तमान समय में प्रयुक्त होने वाले ऊर्जा-संचायकों के कुछ प्रकार देख चुके हैं। अब ऐसे संचायकों के बारे में बात करें, जो विद्युत-ऊर्जा को जमा करने से पहले उसे किसी दूसरे रूप में परिणत नहीं करते, उसे सीधे जमा कर लेते हैं।

इस क्षेत्र में भी रोचक विचार हैं, पर ऐसा संचायक अभी तक बना नहीं है। कब बनेगा, यह कहना भी मुश्किल है। फिर भी यह प्रश्न ध्यानाकर्षित किये बिना नहीं रह सकता।

पहले इस तरह का एक वैद्युत संचायक देखें, जिसमें ऊर्जा वैद्युत क्षेत्र के रूप में संचित रहती है। सच पूछें, तो यह और कुछ नहीं, वैद्युत संघनित्र है, जिसमें दो विद्युद (एलेक्ट्रोड) होते हैं–एक ऊपर और एक नीचे (दे. चित्र पृ. 60 पर)। इन्हें पत्तर कहते हैं। पत्तरों के बीच पारविद्युक होते हैं (पार-विद्युक–ऐसा पदार्थ, जिससे विद्युत-क्षेत्र आर-पार निकल सकता है, पर वह विद्युत का चालन नहीं करता, इसीलिये पृथक्कारी की तरह प्रयुक्त हो सकता है)। (दे.पृ. 62 का चित्र) संघनित्रों के नाम–काँचपोर्सलीन, अबरक, कागजी, झिल्लीदार, विद्युविश्लेषकी, अर्धचालकी आदि–उनमें प्रयुक्त पारविद्युक को इंगित करते हैं।

पत्तरों और पारविद्युक के तंत्र की अपनी विद्युत-धारिता होती है। जब संघनित्र के पत्तर धारा-स्रोत से (दे. चित्र में बाएँ) जुड़े रहते हैं, तब संघनित्र का आवेशन होता है। आविष्ट संघनित्र में ऊर्जा पारविद्युक के वैद्युत क्षेत्र की ऊर्जा के रूप में जमा रहती है। यदि स्विच को बिल्कुल दाएँ रखा जाये और वैद्युत परिपथ को उपभोक्ता (बल्ब) के साथ जोड़ दिया जाये, तो संघनित्र का निरावेशन होने लगता है।

संघनित्र में संचित विशिष्ट ऊर्जा कुछ ज्यादा नहीं होती (व्यवहारतः 10 से 400J/kg तक ही) । क्षेप के कारण ऊर्जा को लंबे समय तक संचित नहीं रखा जा सकता। इस तरह का ऊर्जा-संचायक सिर्फ ऐसी परिस्थितियों में प्रयुक्त होता है, जब ऊर्जा को कम समय तक संचित रख कर बहुत अल्पकाल में खर्च कर देना पड़ता है।

वैद्युत ऊर्जा को सीधे संचित करने वाले संघनित्र का एक प्रकार है–नलिज। यह पृथक्कृत तार से लपेटी गयी कुंडली है (दे. चित्र पृ. 62 पर)। नलिज की लपेटनों में स्थिर धारा प्रवाहित करने पर, जैसा कि चित्र में दिखाया गया है, चुंबकीय क्षेत्र उत्पन्न होता है। इस स्थिति में वैद्युत ऊर्जा चुंबकीय क्षेत्र की ऊर्जा के रूप में संचित होती है। इसीलिये इस प्रकार के संचायक विद्युचुंबकीय कहलाते हैं। इनका उपयोग ऐसी परिस्थितियों में नहीं होता, जब बड़ी मात्रा में संचित ऊर्जा को पर्याप्त लंबी अवधि (कुछ घंटों या दिनों) तक खर्च या संचित करने की आवश्यकता होती है।

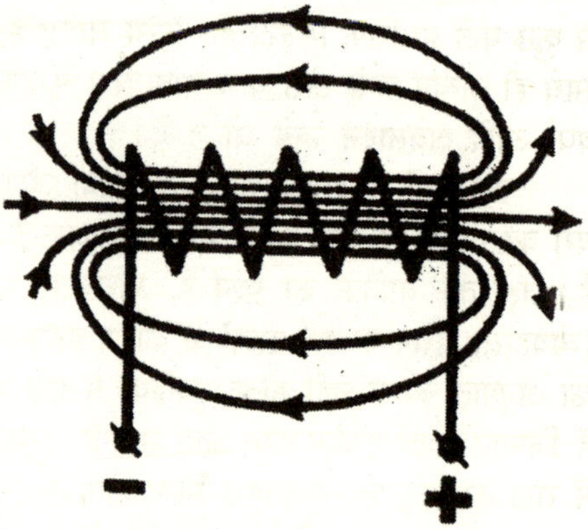

नलिज का आरेख

वास्तविकता में विद्युचुंबकीय संचायकों की ऊर्जा सेकेंड़ों में तो क्या, सेकेंड के कुछ अंशों में ही खर्च हो जाती है।

यह बता दें कि विद्युचुंबकीय ऊर्जा-संचायकों के मुख्य सूचकांकों को सुधारने और उनके उपयोग की सीमा विस्तृत करने की दिशा में काफी तीव्रता से काम चल रहे हैं। अतिचालकी नलिजों के निर्माण से, जिनकी कुंडली का वैद्युत प्रतिरोध शून्य हों, बड़े-बड़े मान वाली विद्युत-धाराओं का उपयोग संभव हो सकेगा और इसीलिये ऊर्जा का संचय भी अधिक मात्रा में हो सकेगा।

और्जिकी और परिवेश-रक्षा–वर्तमान समय में परिवेश-रक्षा का मुख्य उद्देश्य अपने ग्रह की हवा और जल को दूषित होने से रोकना है।

वर्तमान मूल्यांकन के अनुसार जैव इंधन जलाने से पार्थिव वातावरण में प्रति वर्ष करीब 15 करोड़ टन राख, 10 करोड़ टन गंधक आक्साइड, 6 करोड़ टन नाइट्रोजन के आक्साइड, 30 करोड़ टन कार्बन मोनोक्साडड (CO) मिश्रित होता है। वातावरण दूषित करने वाले इन द्रव्यों का अधिकांश भाग तापीय विद्युकेंद्रों से आता है, जिनमें विशाल मात्राओं में जैव इंधनों का दहन होता है। जंल-स्रोतों (जलमंडल) की अवस्था को अधिकतर जल-विद्युकेंद्र प्रभावित करते हैं। परमाणुक विद्युकेंद्र भी हवा और पानी के दूषण के लिए कम खतरनाक नहीं हैं, उस हालत में भी, जब इस बात पर पूरा नियंत्रण रखा जाता है कि रश्मिसक्रिय विकिरण निर्धारित मानकों से ज्यादा न हो जाये।

पृथ्वी के वातावरण के मुख्य प्रदूषक सभी प्रकार के संयंत्र हैं, जो जैव इंधन जलाते हैं–औटोमोबील, ताविक की भट्ठियां, घर गर्म रखने के लिए संयंत्र, भिन्न प्रकार की औद्योगिक भट्ठियां, आदि।

वातावरण में आने वाले और उसे प्रदूषित करने वाले द्रव्य उसमें भिन्न अवधियों तक स्थित रह सकते हैं। उदाहरणार्थ, राख के बड़े और ठोस कण के अवसादन

में कुछ घंटों या सिर्फ मिनटों का समय लगता है, पर नाइट्रोजन के आक्साइड और साथ ही अत्यंत नन्हे ठोस कण वातावरण में हफ्तों तक रह सकते हैं, जबतक कि वर्षा आदि अवसादन उन्हें धो न दें।

कई देशों में वातावरण सबसे ज्यादा औटोमोबील गाड़ियों से गंदा होता है। घरों को गर्म रखने वाले संयंत्र भी (शीतप्रधान देशों में) वातावरण का प्रदूषण करते हैं। जहाँ तक ताविक का प्रश्न है, अधिकतर भट्ठियों में सुव्यवस्थित दहन-प्रक्रिया (व्यवहारतः इंधन के पूर्ण दहन) के कारण दहन-उत्पादों में निहित CO और कालिख का अनुपात ज्यादा नहीं होता। भट्ठियों में ऐश-कैचर (राख रोकने वाले) लगे होते हें, जिनका दक्षता-गुणांक बहुत ऊँचा होता है। इसके कारण भी ताविक के दहन-उत्पादों में राख का अनुपात अपेक्षाकृत निम्न होता है। नाइट्रोजन और विशेषकर गंधक के आक्साइडों से सघर्ष कहीं अधिक कठिन है। नाइट्रोजन के आक्साइड उच्च तापक्रमी परास में इंधन जलाने से बनते हैं। वर्तमान समय में ऐसी विधियां विकसित की जा रही हैं, जिनमें इन आक्साइडों का बनना कई गुना कम हो जायेगा।

सोवियत संघ में प्रदूषण से वातावरण की रक्षा को राज्य-स्तर पर महत्व दिया जाता है। हानिकर विक्षेपों को कम करने के लिए कदम उठाये जा रहे हैं। रहने के घरों को गर्म करने के लिए ताविक या विशाल क्वथित्रों का उपयोग होता है। इससे भी हानिकार विक्षेप कम हो जाते हैं।

पिछले समय से वातावरण के तथाकथित तापीय प्रदूषण (अर्थात उसके तपन) पर विशेष ध्यान दिया जा रहा है। मानवीय कार्य-कलापों से वातावरण का तपन मुख्यतः दो कारणों से होता है : ऊर्जा-उत्पादन में अविराम बढ़ोत्तरी और पार्थिव वातावरण में CO_2 के अनुपात में वृद्धि। आदमी द्वारा उत्पादित सारी ऊर्जा अंततोगत्वा ताप में ही परिणत होती है; यह हमारी इच्छा-अनिच्छा पर निर्भर नहीं करता (तापीय ऊर्जा की विशेषताओं और ताप-प्रवेगिकी के दूसरे नियम को स्मरण करें)। वर्तमान समय में पृथ्वी के ऊर्जीय संतुलन में आदमी द्वारा उत्पादित ऊर्जा का अंश करीब 0.01% है (ऊर्जा की अधिकांश मात्रा पृथ्वी पर सौर विकिरण से आती है)। बहुत-से विशेषज्ञ मानते हैं कि आदमी द्वारा उत्पादित ऊर्जा का अंश 1% (अर्थात सौ गुना ज्यादा) हो जाने पर धरातल का तापक्रम 0.5-1^{0}C तक ऊँचा हो जायेगा। इसके परिणाम आगे चलकर क्या होंगे, यह ठीक-ठीक कहना कठिन है, पर एक खतरा है कि पृथ्वी के ऊर्जीय संतुलन में आदमी के हस्तक्षेप के कारण तापक्रम में इतने कम परिवर्तन से भी पृथ्वी की जलवायु में परिवर्तन हो जा सकता है और इसके अनेक सारे अवांछनीय परिणाम हो सकते हैं। पृथ्वी का वातावरण तापोद्यानी गुण रखता है : वह अपने से हो कर लघु तरंगी सौर विकिरण को गुजरने देता है, पर पृथ्वी के दीर्घ तरंगी विकिरण को रोक कर रख लेता है (शीतप्रधान देशों में सब्जी और फूल उगाने के लिए शीशे या प्लास्टिक की पारदर्शक झिल्ली से बंद उद्यान

बनाये जाते हैं, जिसे भीतर से कृत्रिम तौर पर गर्म रखा जाता है; तापोद्यान इन्हीं को कहते हैं)। पता चला कि वातावरण में कार्बन डायक्साइड का अंश बढ़ने पर उसके तापोद्यानी गुण में वृद्धि हो जाती है और इसीलिये धरातल का तापक्रम ऊँचा हो जाता है।

मानवीय कार्य-कलापों से धरातल के गर्म होने की समस्या का अभी सर्वांगीन अध्ययन नहीं हो पाया है, इसलिये इस क्षेत्र में खोज-कार्य आगे बढ़ाना चाहिए।

पृथ्वी के जल-स्रोतों (जल-मंडल) को प्रदूषण से बचाना मानव परिवेश की रक्षा के मार्ग में एक प्रमुख समस्या भी है, जिसे हल किया जा रहा है।

जल-मंडल के लिए अनेक औद्योगिक कारखाने बहुत खतरनाक सिद्ध हो रहे हैं (खासकर रसायनिक, तेलरसायनिक, सेलुलोजकागज और धातु-उद्योग के कारखाने)। कारखानों में विक्षेपित जल साफ करने के लिए बहुत महंगे फिल्टर लगाये जाते हैं, जो यांत्रिक, रसायनिक या जैविक हो सकते हैं, पर अच्छे से अच्छे फिल्टर भी इस समस्या को समूल दूर नहीं कर सकते। उत्पादन की प्रविधि में ही ऐसे परिवर्तन (सुधार) लाने चाहिएँ, जिनसे साफ किया गया पानी पुनः उत्पादन में प्रयुक्त हो सके। इस से जलाशय प्रदूषण से बचे रहेंगे और उनमें उपस्थित उपयोगी व मूल्यवान द्रव्यों (विशेषकर कच्चा माल) की हानि यदि बिल्कुल नहीं रुकेगी, तो कम से कम तेजी से घट जायेगी। इस तरह की प्रविधि को संवृत या अनपशिष्ट कहेंगे।

जल-मंडल के लिए एक बहुत बड़ा खतरा है दैनंदिन जीवन में काम आने से गंदा हुए पानी को बिना अच्छी तरह साफ किये, या बिल्कुल ही बिना साफ किये वापस जल-स्रोतों (नदी आदि) में फेंकना। शहर और बड़ी आबादी वाले दूसरे स्थान इस समस्या को दिन ब दिन बढ़ाते जा रहे हैं। कृषि-उत्पादन में प्रयुक्त पानी भी बिना साफ किये नहीं फेंकना चाहिए।

ताविक, परविक और जविक जल-मंडल के लिए खतरा उत्पन्न करने वाले द्रव्यों से दूषित पानी कुछ ज्यादा नहीं फेंकते, फिर भी जल-स्रोतों को क्षति पहुँचाते हैं : ताविक और परविक बहुत बड़ी-बड़ी मात्रा में गर्म पानी फेंक कर (जो संघनित्र को ठंडा करने से प्राप्त होता है)। और जविक-मुख्यतः बड़ी संख्या में छिछले जलाशय बना कर।

नदियों में पानी के तापक्रम की वृद्धि, (उदाहरण के तौर पर, सिर्फ 1^0C की वृद्धि) उसमें जीवों द्वारा आक्सजीन का उपयोग 10-20% तक बढ़ा सकती है। इससे पानी में आक्सीजन की कमी हो जा सकती है और फिर इसके अपने अवांछनीय परिणाम हो सकते हैं। इस समस्या का सर्वांगीन अध्ययन होना चाहिए, विशेषकर इसलिये कि गर्म पानी के विक्षेपन में और भी वृद्धि होगी (परविकों के निर्माण में तीव्रता के कारण, जो परिवेश को और खास कर पानी को ताविक की तुलना में करीब 1.5 गुना अधिक निम्न तापक्रम वाला ताप देते हैं)।

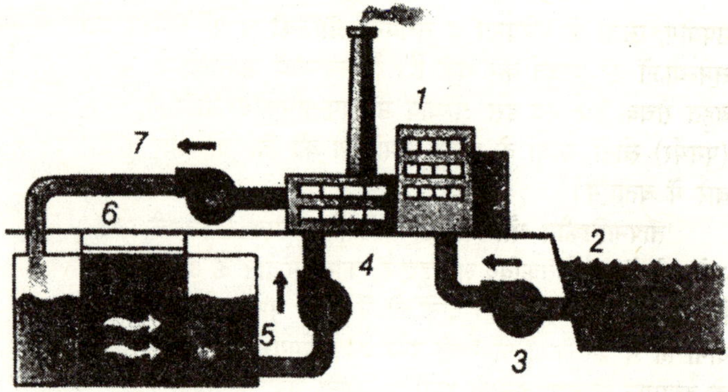

संवृत आकृति में जल के उपयोग का आरेख।
1. उद्यम-केंद्र; 2. स्वच्छ जल का स्रोत; 3. जल-हानि का पूरण; 4. साफ किया हुआ जल; 5. सफाई-संयंत्र; 6. छन्ना; 7. पानी (साफ होने के लिये)।

ध्यातव्य है कि समशीतोष्ण कटिबंध और शीतप्रधान अक्षांशों पर स्थित संवृत जलाशयों (पोखर, झील आदि) में गर्म पानी फेंकने से हानि की बजाय लाभ ही होता है। इस प्रकार के तापित जलाशयों में उच्च कारगरता के साथ मत्स्य-पालन का उद्योग संगठित किया जा सकता है।

मैदानी नदियों पर जविक के निर्माण के कारण एक बहुत बड़ा क्षेत्र बाढ़ से ग्रस्त हो जाया करता है। बने हुए जलागारों का अधिकांश क्षेत्र छिछला होता है। गर्मियों में सौर विकिरण के कारण उनमें जलीय वनस्पति तेजी के साथ पनपने लगते हैं और पानी सेवाल से हरा हो जाता है। पानी के स्तर में गिरावट होने से छिछले स्थानों पर पानी बिल्कुल ही सूख जाता है, जिसके कारण वनस्पति नष्ट हो जाते हैं।

समुद्र की सतह का प्रदूषण करने वाली बहुत बड़ी बुराई है तल से प्राप्त किये जाने वाले पेट्रोलियम का बहना और उसकी ढुलाई करने वाले टैंकरों से बोझ के रूप में प्रयुक्त गंदे पानी को फेंकना। बिना विस्तार में गये इतना बता दें कि समुद्र की सतह का प्रदूषण रोका जा सकता है या बहुत तेजी से कम किया जा सकता है; इसके लिए तकनीकी और व्यवस्था संबंधी कुछ सरल कदम भर उठाने पड़ते हैं।

और्जिकी : कल

इस पुस्तक के पृष्ठों पर हम क्षिप्र न्यूट्रोनों से चलित परमाणुक रिएक्टर के

उपयोग, ऊर्जा के परिवहन व संचयन, और्जिकी व परिवेशरक्षा आदि से संबंधित समस्याओं को प्रस्तुत कर चुके हैं। ये समस्याएँ और्जिकी के भविष्य की दृष्टि से बहुत रोचक हैं। अब इस अध्याय में तापनाभिकीय और्जिकी, ऊर्जा के प्रत्यादानी (पुनर्भर) स्रोतों, ऊर्जा के प्रत्यक्ष रूपांतरण की विधियों, और कृत्रिम द्रव इंधन के बारे में बताएंगे।

तापनाभिकीय और्जिकी–तापनाभिकीय रिएक्टर, जिसके निर्माण में दुनिया के अनेक देशों के भौतिकविद् लगे हुए हैं, कार्य-सिद्धांत के अनुसार साधारण परमाणुक रिएक्टर जैसा ही होता है। दोनों ही में मुख्य भूमिका नाभिकीय प्रतिक्रिया की है; दोनों ही में प्रतिक्रिया के पहले द्रव्य का द्रव्यमान नाभिकीय प्रतिक्रिया के उत्पादों के द्रव्यमान से कुछ अधिक होता है। अन्य शब्दों में, दोनों ही जगह द्रव्यमान-त्रुटि प्रेक्षित होती है, जिसके फलस्वरूप विशाल ऊजरिचन होता है। तापनाभिकीय प्रतिक्रिया के लिए 1kg आरंभिक द्रव्य 10 हजार टबइ के समतुल्य है। यदि अन्य शब्दों में कहें, तो इस द्रव्य की 1g मात्रा ऊर्जा की दृष्टि से 10 टबइ के बराबर है। इस प्रकार, तापनाभिकीय प्रतिक्रिया में आरंभिक द्रव्य के प्रति इकाई द्रव्यमान से तापरेचन 4 गुना अधिक होता है। बनिस्बत कि ^{235}U के विभाजन की नाभिकीय प्रतिक्रिया में।

अंतर सिर्फ इस बात का है कि इसमें तापनाभिकीय प्रतिक्रिया नाभिक के विभाजन की नहीं, बल्कि उसके संयोजन (संश्लेषण) की प्रतिक्रिया है। नाभिक-विभाजन की प्रतिक्रिया, जो विशाल मात्रा में ऊर्जा देती है, उच्च परमाणु-भार वाले भारी तत्त्वों के साथ होती है। विशाल मात्रा में ऊर्जा देने वाली जिन नाभिकीय प्रतिक्रियाओं में कम परमाणुक भार वाले हल्के तत्त्व भाग लेते हैं, वे नाभिकीय संश्लेषण की प्रतिक्रियाएं हैं।

नाभिक के विभाजन की प्रतिक्रिया में विभाजनशील द्रव्य (युरेनियम, प्लुटोनियम), जैसा कि भौतिकी में कहते हैं, निशाने का काम करते हैं। सक्रिय भूमिका न्युट्रोनों की होती है, जो नाभिकीय प्रतिक्रिया को शुरू करते हैं। नाभिक के संश्लेषण की प्रतिक्रिया तभी चल सकती है, जब परमाणुओं के नाभिक एक-दूसरे से पर्याप्त निकट—करीब 10^{-13}cm या $10^{-9}\mu$m कोटि की दूरी पर होंगे।

परमाणुओं को निकट आने से रोकते हैं विद्युस्थैतिक विकर्षण-बल (परमाणुओं के नाभिकों पर समान धन आवेश होते हैं), इसलिये उनके परस्पर निकट आने के लिए जरूरी है कि व्यतिकारी कण बहुत बड़ी मात्रा में गतिज ऊर्जा रखें। अन्य शब्दों में, नाभिकीय विभाजन की प्रतिक्रिया के विपरीत, यहाँ द्रव्य को बहुत अधिक तापक्रम पर होना चाहिए—सैकड़ों लाख डिग्री तापक्रम तक। इसी कारण से नाभिकीय संश्लेषण की प्रतिक्रिया को तापनाभिकीय कहते हैं। इतने ऊँचे तापक्रम पर द्रव्य प्लाज्मा की अवस्था में आ जाता है। प्लाज्मा और साधारण गैस में अंतर यह है कि प्लाज्मा

अणुओं व परमाणुओं से नहीं, बल्कि परमाणुओं के नाभिकों और स्वतंत्र एलेक्ट्रोनों से बनी होती है : करीब 10 हजार डिग्री तापक्रम पर किसी भी द्रव्य के परमाणु अपना एलेक्ट्रोनी अभ्र खो बैठते हैं।

जिन कणों से प्लाज्मा बनती है, उन पर विद्युत के आवेश होते हैं। एलेक्ट्रोन पर ऋणावेश होता है और परमाणु के नाभिक पर—धनावेश। पाठक शीघ्र ही देखेंगे कि यह बात बहुत ही महत्त्वपूर्ण है।

याद दिला दें कि हाइड्रोजन के तीन समस्थ हैं : प्रोटियम (H)—साधारण हाइड्रोजन, जिसके परमाणु का नाभिक प्रोटोन होता है; ड्युटेरियम (D) अधिक भारी हाइड्रोजन, जिसके परमाणु का नाभिक एक प्रोटोन और एक न्युट्रोन से बना होता है; ट्रीटियम (T)—और भी अधिक भारी हाइड्रोजन, जिसके परमाणु का नाभिक एक प्रोटोन और दो न्युट्रोनों से बना होता है। हाइड्रोजन के उपरोक्त तीनों समस्थों (H,D,T) के परमाणुभार 1:2:3 के अनुपात में होते हैं।

आधुनिक वैज्ञानिक धारणा के अनुसार सितारों की ऊर्जा का स्रोत (हमारा सूर्य भी एक सितारा ही है) तापनाभिकीय प्रतिक्रिया है, जिसके परिणामस्वरूप हाइड्रोजन हीलियम में परिणत होता है और विशाल मात्रा में ऊर्जा उत्सर्जित होती है। इस तरह की प्रतिक्रिया सितारों की गहराई में चलती रहती है, पर पार्थिव परिस्थितियों में ऐसी प्रतिक्रिया को अस्तित्व देना संभव नहीं है। पर ड्युटेरियम और ट्रीटियम के नाभिकों के बीच प्रतिक्रिया कराना कहीं अधिक सरल है। इसके फलस्वरूप हीलियम के नाभिक व न्युट्रोन बनते हैं और साथ ही विशाल मात्रा में ऊर्जा भी उत्सर्जित होती है।

हाइड्रोजन के भारी समस्थों—डयुटेरियम और ट्रीटिम—के रूप में आरंभिक द्रव्य वाली तापनाभिकीय प्रतिक्रिया को पार्थिव परिस्थितियों में साकार करने की संभावना सिद्ध की जा चुकी है। तापनाभिकीय (हाइड्रोजन) बम में यही प्रतिक्रिया चलती है, पर उसमें यह अनियंत्रणीय, अल्पकालिक और एक शक्तिशाली विस्फोट के रूप में होती है, जिसका परिणाम सिर्फ ध्वंस होता है, शांतिपूर्ण उद्देश्यों में तापनाभिकीय प्रतिक्रिया का उपयोग करने के लिए उसे नियंत्रण में रखना और शांतिपूर्ण ढंग से बहने को बाध्य करना सीखना होगा।

इस बात पर ध्यान देना चाहिए कि हाइड्रोजन का भारी समस्थ—ट्रीटियम—एक रश्मिसक्रिय द्रव्य है और इसका अर्धक्षयकाल करीब 12 वर्ष है। इसीलिए पृथ्वी पर ट्रीटियम व्यवहारतः अनुपस्थित है। पर इससे निराश होने की कोई बात नहीं है। स्मरण करें कि प्लुटोनिम ^{239}Pu भी पृथ्वी पर नहीं था, लेकिन अब ^{239}Pu परमाणुक रिएक्टरों के लिए सबसे अधिक प्रचलित नाभिकीय इंधन है। पता चला है कि ट्रीटियम को क्षारीय धातु लीथियियम (Li) से उसके परमाणु-नाभिकों पर क्षिप्र न्युट्रोनों की बमबारी से प्राप्त कर सकते हैं; ये न्युट्रोन नाभिकों D व T के संयोजन की प्रतिक्रिया के फलस्वरूप भी बन सकते हैं। ट्रीटियम की जगह तापनाभिकीय रिएक्टर में "ट्रीटियम

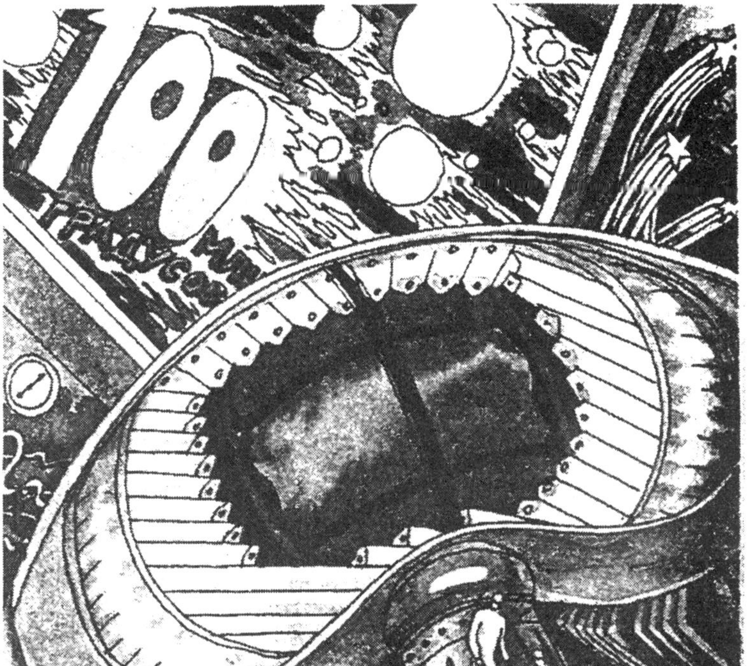

का कच्चा माल''–लीथियम–भी रख सकते हैं। रिएक्टर के काम के दौरान ट्रीटियम आवश्यक मात्रा में लीथियम से बन जाया करेगा।

जहाँ तक तापनाभिकीय ड्यूटेरियम-ट्रीटियमी प्रतिक्रिया (या D+T प्रतिक्रिया) के लिए नाभिकीय इंधन के स्रोत का प्रश्न है, तो वह अंततोगत्वा लीथियम के भंडार का प्रश्न बन कर रह जाता है। ड्युटेरियम का भंडार पृथ्वी पर सचमुच ही बहुत बड़ा है। यदि समुद्रों और महासागरों के पानी में निहित ड्युटेरियम का उपयोग किया जाये (पानी से ड्यूटेरियम निकालना सरल भी है और अर्थसंगत भी) तो उसका भंडार ऊर्जा की दृष्टि से सभी प्रकार के जैव इंधनों के सम्मिलित भंडार से भी करोड़ों गुना अधिक है।

जहाँ तक लीथियम का संबंध है, तो इसके बावजूद भी कि ट्रीटियम सिर्फ लीथियम ^6Li से बनता है, जो प्राकृतिक लीथियम में सिर्फ 7.4% होता है, हम कह सकते हैं कि उसका भंडार पृथ्वी पर पर्याप्त बड़ा है। विशेषज्ञ मानते हैं कि ऊर्जा की दृष्टि से लीथियम का भंडार युरेनियम के जितना ही है।

यदि D+T=प्रतिक्रिया की जगह D+D=प्रतिक्रिया का उपयोग संभव हो जायेगा, तो ऊर्जा का स्रोत व्यावहारिकतः असीम मान लिया जायेगा।

इसीलिए, यदि तापनाभिकीय प्रतिक्रिया का शांतिपूर्ण उद्देश्यों में लोगों के लाभ के लिए उपयोग करना है, तो इसके लिए ऐसा तापनाभिकीय रिएक्टर बनाना होगा, जिसमें D+T प्रतिक्रिया शांतिपूर्ण व नियंत्रणीय ढंग से चल सके। इस समस्या का हल बहुत कठिन है। पहले तो ड्यूटेरियम-ट्रीटियम मिश्रण को प्लाज्मा रूप देने के लिए उसे करीब 10 करोड़ डिग्री तक गर्म करना होगा और उसे प्लाज्मा की अवस्था में लंबे समय तक रोक कर रखना होगा (मिश्रण पचास प्रतिशत वाला होता है : आधा ड्युटेरियम लेते हैं और आधा ट्रीटियम)।

कुर्छातोव परमाणु ऊर्जा संस्थान में लि. आर्त्सिमोविच के नेतृत्व में चुक्षे-छक के प्रकार का एक संयंत्र विकसित किया गया। चुक्षे-छक 'चुंबकीय क्षेत्र वाला छल्लजी कक्ष' का संक्षेपण है। इस संयंत्र में प्लाज्मा को गर्म करने के लिए इतना ऊँचा तापक्रम संयंत्र से हो कर लाखों ऐंपियर की शक्ति वाली विद्युत-धारा को प्रवाहित करने से प्राप्त होता है। इतनी बड़ी धारा बाह्य प्रेरक द्वारा उत्पन्न होती है। प्लाज्मा के वैद्युत प्रतिरोध के कारण 'जूलियन' ताप उत्पन्न होता है, जिससे प्लाज्मा गर्म होती है।

इससे कहीं जटिल समस्या है प्लाज्मा को गर्म अवस्था में रोक कर रखना। प्लाज्मा दीवार को स्पर्श करे, इसके बारे में तो बात ही नहीं की जा सकती–दुनिया में ऐसी कोई निर्माण-सामग्री नहीं है, जो इस स्पर्श के बाद भी बची रहे, वाष्पित न हो जाये। चुक्षे-छक के संयंत्र में प्लाज्मा को चुंबकीय क्षेत्र की सहायता से रोक कर रखा जाता है। यह सिर्फ इसलिये संभव होता है कि प्लाज्मा विद्युताविष्ट कणों–एलेक्ट्रोनों और परमाणु-नाभिकों–से बनी होती है, जिसको चुंबकीय क्षेत्र से

प्रभावित किया जा सकता है।

उच्च तापक्रम वाली प्लाज्मा को चुक्षे-छक में एक ऐसे बरतन में रखा जाता है, जिसका आकार खोखले कंगन की तरह होता है (जहाजों में प्रयुक्त लाइफ-बेल्ट का रूप स्मरण करें)। इस तरह की ज्यामितिक पिंड छल्ला (या वलय) कहलाता है। छल्ले के बाहर स्थित चुंबक-तंत्र की सहायता से एक शक्तिशाली चुंबकीय क्षेत्र बनाया जाता है, जिसकी तीव्रता छल्ले में गोल नली के अनुतीरी अक्ष से दूर जाने के साथ-साथ बढ़ती जाती है। इसीलिए प्लाज्मा छल्ले के भीतर अनुतीरी अक्ष की ओर सिमटी रहती है और छल्ले की दीवारों को नहीं छूती है। चुक्षे-छक के पीछे यही सरल-सा विचार है, पर इससे परिचय होने पर इसकी प्रशंसा किये बिना नहीं रहा जा सकता।

तापनाभिकीय प्रतिक्रिया के दौरान विशाल मात्रा में ऊर्जा उत्सर्जित हो सके, इसके लिए जरूरी है कि इकाई आयतन में ड्यूटेरियम और ट्रीटियम के नाभिकों की एक नियत सांद्रता (अर्थात प्लाज्मा का एक नियत घनत्व) हो और साथ ही प्लाज्मा पर्याप्त समय तक बनी रहे। ये दो राशियां परस्पर संबद्ध हैं : परमाणुओं की सांद्रता जितनी ही अधिक होगी, प्लाज्मा को रोके रखने के लिए आवश्यक समय उतना ही कम होगा, और इसका प्रतीप। सांख्यिक रूप से यह निर्भरता जोन लावसन द्वारा स्थापित निकष (कसौटी) द्वारा व्यक्त होती है : प्रत्येक तापनाभिकीय प्रतिक्रिया और प्लाज्मा-तापक्रम के लिए नाभिकों की सांद्रता और प्लाज्मा को रोक कर रखने के समय का गुणनफल एक स्थिर मान होता है। D+T प्रतिक्रिया और 10 करोड़ डिग्री तापक्रम के लिए लावसन-निकष 3.10^{14} के बराबर होता है। इसका मतलब है कि परमाणुनाभिकों की सांद्रता $10^{14} 1/cm^3$ होने पर प्लाज्मा रोक कर रखने का समय 1s से किसी भी हालत में कम नहीं होना चाहिए।

वर्तमान समय में प्लाज्मा के तापक्रम, परमाणुनाभिकों की सांद्रता और प्लाज्मा रोक कर रखने के समय के आवश्कय मान कहाँ तक पहुँच पाये हैं?

D+T प्रतिक्रिया के लिए आवश्यक तापक्रम—10 करोड़ डिग्री—अभी तक नहीं प्राप्त हो सका है। वैसे, इसके काफी निकट पहुँच चुके हैं। संभव है कि आवश्यक तापक्रम प्राप्त करने के लिए प्लाज्मा में त्वरित्र द्वारा उच्च ऊर्जा वाले त्वरित प्राथमिक कणों की फुहार छोड़ना लाभदायक होगा।

D+T प्रतिक्रिया के लिए लावसन-निकष के अनुसार प्लाज्मा के अब तक उपलब्ध घनत्व $3.10^{14} 1/cm$ और अब तक अनुपलब्ध तापक्रम (10 करोड़ डिग्री) पर प्लाज्मा को एक सेकेंड से ज्यादा रुकना चाहिए। पर अभी तक प्लाज्मा को सेकेंड के दशांश से कम समय तक ही रोका जा सका है।

आवश्यक तापक्रम और प्लाज्मा का आवश्यक प्रतिरक्षणकाल प्राप्त करना रिएक्टरों के आकार पर अधिक निर्भर करता है। यहाँ एक बार फिर से ज्यामितिक घटक सामने आता है (और कितनी बार आ भी चुका है!)। यह ज्यामितिक घटक

है : वस्तु की सतह और उसके आयतन का अनुपात। ज्ञात होता है कि चुक्षे-छक के कक्ष से, जिसमें प्लाज्मा कैद रहती है, चुंबकीय क्षेत्र के उपयोग के बावजूद भी कणों का क्षेप हो जाया करता है—ठीक परमाणुक रिएक्टरों के सक्रिय क्षेत्र से न्युट्रोनों के क्षेप की तरह। क्षेप उतना ही कम होगा, जितना ज्यादा चुक्षे-छक के कक्ष का आयतन होगा, अर्थात् कक्ष की सतह और उसके आयतन का अनुपात जितना कम होगा। यह निष्कर्ष व्यवहार में खरा उतरता है।

इस तरह, प्लाज्मा का प्रतिरक्षण-काल बढ़ाने की विधि ज्ञात हो जाती है! यह संयंत्र का आकार बढ़ाने से संभव है। अब मान सकते हैं कि तापक्रम बढ़ाने और प्लाज्मा का प्रतिरक्षणकाल बढ़ाने जैसी कठिन समस्याओं के हल मिल जाएँगे। इस दिशा में सोवियत संघ, संयुक्त राज्य अमेरिका, फ्रांस, जापान तथा अन्य देशों के विशेषज्ञ तेजी से काम कर रहे हैं।

लगता है कि पहले नाभिकीय-तापनाभिकीय प्रकार वाले संकर रिएक्टर ही व्यवहार में आएँगे। तापनाभिकीय प्रतिक्रिया से उत्पन्न ऊर्जा का करीब 80% अंश प्रतिक्रिया से नवोदित न्युट्रोन प्राप्त कर लेते हैं और 20% भाग—हीलियम-परमाणुओं के नाभिक (α-कण), जो ड्यूटेरियम और ट्रीटियम के नाभिकों के संगम से बनते हैं। न्युट्रोनों पर कोई विद्युत-आवेश नहीं होता, इसलिये उन पर विद्युचुंबकीय क्षेत्र का असर नहीं होता; वे निर्बाध रूप से प्लाज्मा के बाहर निकल आते हैं और प्लाज्मा को घेर रखने वाले एक आवरण पर रुकते हैं। इस आवरण को 'कंबल' कहते हैं।

संकर नाभिकीय-तापनाभिकीय रिएक्टर का कंबल आरंभिक नाभिकीय इंधन (''परमाणुक कच्चा माल'')—^{238}U या ^{232}Th से बना होना चाहिए; प्लाज्मा से विकिरिणत क्षिप्र न्युट्रोनों के प्रभाव से ये ^{239}Pu या ^{233}U में रूपांतरित हो जाते हैं; जिनके परमाणु-नाभिक स्वतःस्फूर्त विभाजन का गुण रखते हैं। कबल में नलियाँ भी लगी रहनी चाहिए, जिनमें कोई ताप-वाहक द्रव्य संचार करता रहता है; प्लुटोनियम ^{239}Pu या ^{233}U युरेनियम के नाभिकों के विभाजन से उत्पन्न ताप यह तापवाहक द्रव्य ही अपने साथ ले जाता है। तापवाहक का ताप वाष्पवैद्युत संयंत्र में, उदाहरण के लिए, विद्युत ऊर्जा के उत्पादन के लिए प्रयुक्त होता है।

इस प्रकार, संकर नाभिकीय-तापनाभिकीय रिएक्टर में तापनाभिकीय D+T प्रतिक्रिया का उपयोग न्युट्रोनों के स्रोत के रूप में होता है और खुद रिएक्टर क्षिप्र न्युट्रोनों वाले परमाणुक रिएक्टर (प्रजनक-रिएक्टर) का काम करता है। अन्य शब्दों में, संकर रिएक्टर की सहायता से विद्यु-ऊर्जा का उत्पादन भी होगा और नाभिकीय इंधन ^{239}Pu या ^{233}U भी उत्पन्न किया जायेगा। विशेषज्ञों के अनुसार संकर रिएक्टर में प्रयुक्त तापनाभिकीय प्रतिक्रिया के परामितकों को कुछ 'छूट' दी जा सकती है। उदाहरणार्थ, लावसन-निकष (दो राशियों—प्लाज्मा के परमाणुनाभिकों की सांद्रता और प्लाज्मा के प्रतिरक्षण-काल—गुणन) बहुत कम भी हो सकता है।

चुंबकीय क्षेत्र की सहायता से उच्च तापक्रमी प्लाज्मा के प्रतिरक्षण की विधि (चुक्षे-छक की विधि) वर्तमान समय में सबसे अधिक विकसित की जा चुकी है, पर यह एकमात्र विधि नहीं है। बहुत से वैज्ञानिक यह मानते हैं कि नियंत्रणीय तापनाभिकीय प्रतिक्रिया के लिए सूक्ष्म विस्फोट की विधि का भविष्य बहुत अच्छा है।

ड्यूटेरियम और ट्रीटियम के मिश्रण से नन्हीं-नन्हीं ठोस गोलियां बनायी जाती हैं, जिनका व्यास करीब 1-2mm होता है। इस तरह की गोली एक ही साथ विभिन्न पक्षों से शक्तिशाली लेसर या एलेक्ट्रोनी किरण से विकिरणित की जाती है। ड्यूटेरियम-ट्रीटियम गोली का विकिरण-काल बहुत छोटा होना चाहिए, करीब एक सेकेंड के एक अरबवें अंश के बराबर। गोली पर उच्च ऊर्जा वाली किरणों के क्रिया-काल में गोली को पूर्णयता 'वाष्पित' नहीं होना चाहिए। जरूरी है कि सिर्फ वाह्य ऊपरी परत वाष्पित हो। इस स्थिति में बनी ड्यूटेरियम-ट्रीटियम की प्लाज्मा भिन्न दिशाओं में सिर्फ उड़ेगी ही नहीं गोली के केंद्रीय भाग को संपीडित भी करेगी। गोली के केंद्रीय भाग सैकड़ों या यहाँ तक कि हजारों बार संपीडित होता है और साथ ही गर्म भी हो जाता है, जिसके फलस्वरूप तापनाभिकीय प्रतिक्रिया उत्पन्न होती है। यदि गोली का विकिरण-काल अधिक होगा, तो गोली, जिसे अक्सर निशाना कहते हैं, पूर्णतया वाष्पित हो जायेगी और तापनाभिकीय प्रतिक्रिया उत्पन्न नहीं होगी।

स्पष्ट है कि तापनाभिकीय प्रतिक्रिया के उत्पन्न होने के लिए भी लावसन-निकष द्वारा निर्धारित शर्त्त पूरी होनी चाहिए। इसलिए D+T प्रतिक्रिया शुरू होने के लिए प्लाज्मा के घनत्व (ड्युटेरियम और ट्रीटियम के परमाणु-नाभिकों की सांद्रता) और प्रतिरक्षण-काल का गुणनफल एक नियत मान से कम नही होना चाहिए, जो तापक्रम व लावसन-निकष से निर्धारित होता है। विचाराधीन उदाहरण में प्लाज्मा का घनत्व चुक्षे-छक की अपेक्षा कही अधिक होता है (निशाना ठोस पिंड है और उस पर बाहर से बहुत ऊँचा दाब लगाता है), और प्रतिरक्षण-काल बहुत अल्प होता है (निशाना का विकिरण-काल एक सेकेंड का अरबवां अंश है)।

इस प्रकार, दी हुई स्थिति में तापनाभिकीय प्रतिक्रिया अविरामतः ड्युटेरियम-ट्रीटियम की गोली (निशाना) के एक के बाद एक होने वाले विस्फोटों के रूप में चलती रहती है। इसीलिए उपरोक्त विधि को सूक्ष्म विस्फोटों की विधि (या स्पंदी विधि) कहते हैं। स्पंदी विधि में प्लाज्मा को चुंबकीय क्षेत्र के सहारे पृथक करने की आवश्यकता नहीं रहती; तापनाभिकीय प्रतिक्रिया के जारी रहने का अंतराल इतना छोटा होता है कि प्लाज्मा के ठंडा होने के पहले ही प्रतिक्रिया पूरी हो जाती है।

नियंत्रणीय तापनाभिकीय प्रतिक्रिया को साकार करने के लिए सूक्ष्म विस्फोटों की विधि के उपयोग में भी बहुत जटिल समस्याओं का सामना करना पड़ता है और उनका हल ढूंढ़ना जरूरी है। इनमें से कुछ समस्याओं को देखें।

चूँकि 1-2mm व्यास वाली ड्युटेरियम-ट्रीटियम गोली के अत्यल्प काल में सब

ओर से समरूपता के साथ विकिरणित करना पड़ता है, इसलिए गोली की ओर निर्दिष्ट लेसर या एलेक्ट्रोनी किरणों की संख्या संभवत 8 से कम नहीं होनी चाहिए। किरणों को एक ही साथ निकालना चाहिए और गोली पर उन्हें सेकेंड के कुछेक अरबवें अंशों से अधिक समय तक नहीं पड़ना चाहिए। कलन से ज्ञात होता है कि गोली (निशाना) पर एक साथ क्रियाशील किरणों द्वारा प्रदत्त कुल ऊर्जा 100kJ से कम नहीं होनी चाहिए। क्रिया-काल अत्यल्प है–सेकेंड का अरबवां अंश, या नानोसेकेंड। इसका मतलब यह है कि आवश्यक (सिर्फ कुछेक नानोसेकेंड के दरमियान) शक्ति करीब 1 खरब kW होनी चाहिए। संख्या बहुत बड़ी है। इस तरह का ऊर्जा-संचायक बनाना, जो अत्यल्प काल में इतनी बड़ी शक्ति प्रदान कर सके, बहुत कठिन है। क्योंकि यह भी जरूरी है कि निशानों को एक के बाद एक लगातार विकिरणित किया जाये। अन्य जटिल समस्याएँ भी हैं, लेकिन उन पर हम रुकेंगे नहीं।

और्जिकी में नियंत्रणीय तापनाभिकीय प्रतिक्रिया का उपयोग बहुत महत्त्वपूर्ण है और अर्थ-व्यवस्था के लिए आवयक भी है। पर समस्याएँ अभी तक पूर्णतया हल नहीं हुई हैं और इस दिशा में काम जारी रखना जरूरी है।

सौर ऊर्जा–प्रत्यादानी (या पुनर्भर) ऊर्जा-स्रोत, अर्थात् ऐसे स्रोत जिनका भंडार मानवीय कार्य-कलापों से कम नहीं होता, निम्न हैं : सौर ऊर्जा, जल-ऊर्जा, पवन-ऊर्जा, समुद्री ज्वार और तरंगों की ऊर्जा। ये सभी सौर मूल की हैं (लेकिन समुद्री ज्वार केवल सूर्य ही नहीं, चांद के गुरुत्वाकर्षण से भी उत्पन्न होता है)। प्रत्यादानी ऊर्जा-स्रोतों में अक्सर पृथ्वी की गहराई में पाये जाने वाले ताप–ज्यातापीय (या भूतापीय) ऊर्जा–को भी शामिल किया जाता है। विज्ञान इसकी उत्पत्ति की व्याख्या पृथ्वी के भीतर रश्मिसक्रिय तत्त्वों के क्षय, रसायनिक प्रतिक्रियाओं और कुछ अन्य प्रक्रियाओं से उत्सर्जित ताप द्वारा करता है। सौर विकिरण पृथ्वी में बहुत कम गहराई तक प्रविष्ट होता है। ज्यातापीय ऊर्जा को अक्सर प्रत्यादानी स्रोत मानते हैं, शायद इसलिए कि इसका भंडार बहुत बड़ा है और व्यावहारिकतः अक्षय है। हम लोग भी इसी परंपरा का अनुसरण करेंगे।

प्रत्यादानी ऊर्जा का सबसे बड़ा स्रोत सौर विकिरण है। सूर्य के विकिरण की कुल शक्ति विराट संख्या द्वारा व्यक्त होती है–4.10^{26}W या 4.10^{14} अरब kW। यह संख्या इतनी बड़ी है कि तुलना के लिए दैनंदिन जीवन से पार्थिव पैमाने की कोई राशि नहीं चुनी जा सकती। यहाँ तक कि पृथ्वी के निकट, अर्थात सूर्य से करीब 15 करोड़ km की दूरी पर सूर्य-किरणों के अभिलंब स्थित सतह के प्रत्येक वर्ग मीटर पर 1.4 kW किरणी (किरणरूपी) ऊर्जा आती है।

पृथ्वी का अनुप्रस्थ काट लगभग $127.6.10^{6}km^{2}$ है (पृथ्वी की औसत त्रिज्या 6370km है)। इस आंकड़े की मदद से पृथ्वी पर आने वाले सौर विकिरण की कुल शक्ति कलित कर सकते हैं : करीब $178.6.10^{12}$kW । अतः पूरे वर्ष के दौरान

पृथ्वी

को किरणी ऊर्जा के रूप में करीब $1.256.10^{18}$kW/h शक्ति प्राप्त होती है।

रूसी छात्रोपयोगी वैज्ञानिक पत्रिका 'क्वांट' (1981, No.4) में वि. लांगे और ते. लांगे का "आदमी और सूरज की विशिष्ट शक्तियों की तुलना' नामक एक निबंध छपा था। इस निबंध में कुछ आश्चर्यजनक निष्कर्ष दिये गये थे। लेखकों ने आदमी की शक्ति 140W आँकी थी। सूरज की शक्ति अभी-अभी निर्धारित की गयी थी : 4.10^{23}kW । अतः सूरज की शक्ति आदमी की शक्ति की तुलना में 3.10^{24} गुनी अधिक है। पर यदि आदमी और सूरज की विशिष्ट शक्तियों की तुलना की जाये, तो बिल्कुल दूसरा परिणाम मिलेगा (विशिष्ट शक्ति इकाई द्रव्यमान से प्राप्त शक्ति है)। सूर्य का द्रव्यमान 2.10^{30}kg के करीब माना जाता है; आदमी का द्रव्यमान 80kg रख लेते हैं। तब सूर्य की विशिष्ट शक्ति 4.10^{3}kW : 2.10^{30}kg = 2.10^{7}kW/kg होगी और आदमी की—0.14kW : 80kg = $1.7.5.10^{-3}$kW/kg। ज्ञात होता है कि आदमी की विशिष्ट शक्ति सूरज की विशिष्ट शक्ति से करीब 10 हजार गुनी अधिक है। यह निष्कर्ष कुछ असंगत सा लगता है, जिसका कारण है फिर वही ज्यामितिक घटक : पिंड की सतह और उसके आयतन का अनुपात।

पृथ्वी के निकट सूर्य की किरणों के साथ लंब स्थित $1m^2$ समतल सतह पर करीब 1.4kW सौर विकिरण आता है, लेकिन पृथ्वी की $1m^2$ सतह पर औसतन इस मान का सिर्फ चौथाई अंश, अर्थात 0.35kW ही आता है। इसकाब कारण यह है कि पृथ्वी एक वर्तुल (गोला) है और इसीलिए उसके अनुप्रस्थ काट के क्षेत्रफल πR^2 और उसकी वर्तुली सतह के क्षेत्रफल $4\pi R^2$ का अनुपात 0.25 होता है।

यहाँ इस बात पर भी ध्यान देना चाहिए कि सौर विकिरण की ऊर्जा का आधे से अधिक भाग पृथ्वी की सतह (जल और थल) तक सीधा पहुँचता भी नहीं है, उसके वातावरण से परावर्तित हो जाता है। माना जाता है कि पृथ्वी की सतह (जल और थल) के $1m^2$ क्षेत्रफल पर औसतन सिर्फ 0.16 kW के करीब सौर विकिरण आता है। पर यह भी कम नहीं है। पृथ्वी की पूरी सतह के लिए इसका मान करीब 10^{14}kW अर्थात् एक नील या दस हजार अरब kw है। मानव के लिए इतनी शक्ति तो क्या, इसका हजारवां भाग भी बहुत होगा।

वर्तमान समय में सौर ऊर्जा को कैसे काम से लाया जा रहा है?

सौर ऊर्जा का दो तरह से उपयोग संभव है और दोनों में अंतर है : सौर ऊर्जा से विद्युत-ऊर्जा का उत्पादन अलग बात है और उससे ताप की प्राप्ति (खासकर घरों को गर्म रखना)—अलग बात है। पहली स्थिति में कोई विशेष सफलता नहीं मिली है। काम मुख्यतः दो दिशाओं में हो रहा है: किरणी ऊर्जा को सीधे वैद्युत ऊर्जा में परिणत करने वाले अर्धचालकीय प्रकाश-वैद्युत रूपांतरकों (प्रवैरू) के उपयोग की दिशा में और वाष्प-वैद्युत संयंत्रों के निर्माण की दिशा में अंतिम में (उदाहरणार्थ) कोयले से काम करने वाले वाष्पित्र की जगह सौर वाष्पित्र प्रयुक्त होता है।

सौर ऊर्जा को विद्युत-ऊर्जा में परिणत करने की दोनों ही विधियों में मुख्य बाधाएँ हैं—पृथ्वी पर सौर ऊर्जा का अत्यधिक प्रकीर्णन, धरातल पर सौर विकिरण के पहुँचने में दिन भर के दरमियान अनियमितता, और इस तरह के विद्युत-संयंत्र बनाने में बहुत ऊँचा हिसाबी खर्च। प्रवैरू का उपयोग करने पर 1kW निर्धारित शक्ति का मूल्य (पूंजी-निवेश की राशि) वर्तमान समय करीब 10 हजार रूबल या इससे कुछ ज्यादा ही पड़ता है। स्मरण करें कि परमाणुक विद्युकेंद्रों के लिए 1kW निर्धारित शक्ति का मूल्य औसत 370 रूबल होता है, जल-विद्युकेंद्रों के लिए—350 रूबल, और ताप-विद्युकेंद्रों के लिए—200 रूबल। जैव और नाभिकीय इंधन की उद्योगशाखा में इकाई शक्ति के मूल्य में आवश्यक पूंजी-निवेश को ध्यान में नहीं रखा जाता।

प्रवैरू का उपयोग करने वाले सौर ऊर्जा-संयंत्रों के इतना अधिक मूल्य का कारण यह है कि अर्धचालकीय प्रकाशवैद्युत रूपांतरिक अभी तक बहुत महंगे हैं; उन्हें बनाने के लिए शुद्ध सिलिकन या जर्मेनियम की आवश्कयता पड़ती है। इस तरह मुख्य समस्या, जिसे हल करना है, ऊर्जा के प्रकाशवैद्युत रूपांतरक के मूल्य को करीब 20 गुना कम करना है। इसके बाद ही सौर विद्युकेंद्रों का विस्तुत उपयोग संभव होगा। मौसम के अनुसार दिन भर और वर्ष भर में सौर विकिरण की अनियमितता के प्रभाव से बचने के लिए भी कुछ करना होगा।

प्रवैरू का मूल्य इतना ऊँचा होने के बावजूद भी इस प्रकार के सौर संयंत्रों का विद्युत-ऊर्जा के स्रोत के रूप में अंतरिक्षी उपकरणों में सफलतापूर्वक विस्तृत उपयोग हो रहा है। चूँकि इन स्थितियों में अधिक शक्ति की आवश्यकता नहीं पड़ती, इसलिए प्रवैरू के मूल्य का अधिक महत्त्व नहीं होता। लेकिन ऐसे सौर संयंत्रों के काम की विश्वसनीयता और उनके छोटे आकार पूरी तरह से स्वीकार्य हैं।

अब सौर विकिरण की ऊर्जा को 'क्लासिकल' विधि से विद्युत-ऊर्जा में परिणत करने के लिए प्रयुक्त सौर संयंत्रों को देखें। क्लासिकल विधि से तात्पर्य है वाष्पित्र (इस स्थिति में—सौर वाष्पित्र) चर्खीजनित्र, संघनित्र और जल-पंप का उपयोग।

चित्र में (पृ. 78 पर) सौर वाष्पवैद्युत संयंत्र का सैद्धांतिक आरेख दिखाया गया है। सौर किरणों को संकेंद्रित करने के लिए तथाकथित सौरसंकेंद्रक प्रयुक्त होता है, जो दर्पणों और लेंसों से बनाया जाता है। इसका काम है सूरज की किरणों को संकेद्रित (जमा) करना, जिससे सौर विकिरण का घनत्व और गर्म की जाने वाली वस्तु का तापक्रम बढ़ जाता है। इस तरह की संवृत्ति का प्रेक्षण आप भी कर सकते हैं—लेंस पर आपतित सौर किरणें उसकी नाभि पर रखे सलाई के सिरे को प्रज्वलित कर देती हैं। दिलचस्प बात यह है कि आप बर्फ (ठोस सिल्ली वाली) से भी लेंस बना सकते हैं; वह पिघलेगा नहीं। यह विद्युचुंबकीय तरंगी प्रकृति वाले विकिरण द्वारा ताप-वहन के विशेष गुण का सूचक है।

पर लेंसों और किरणों की सहायता से किसी भी सौर के लिए सौर तल के

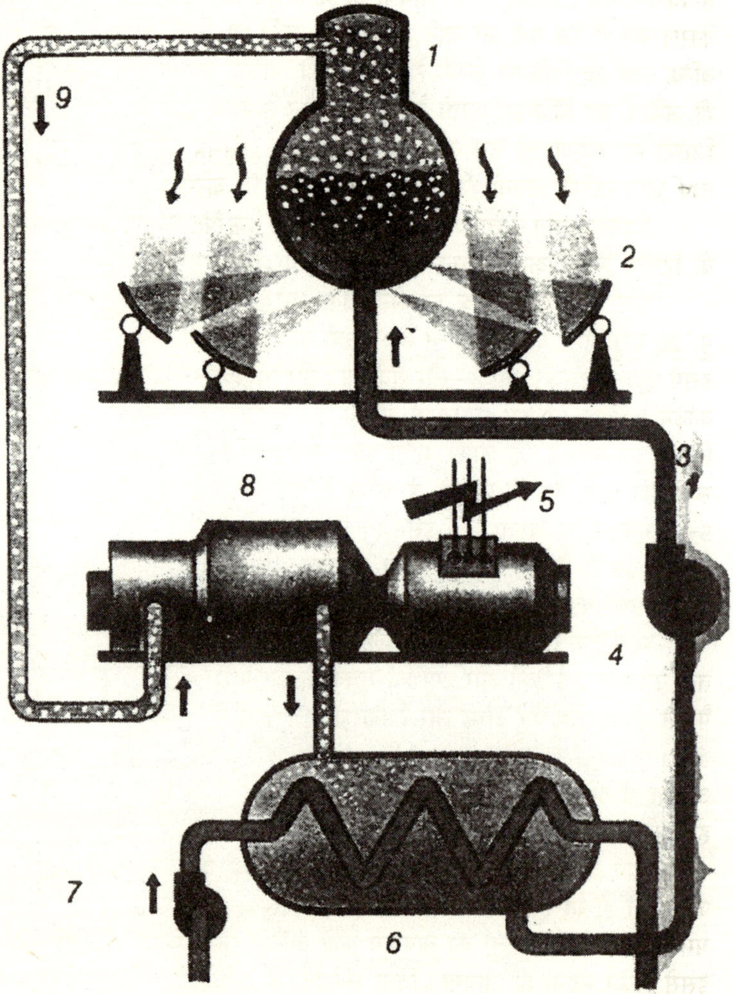

सौर वाष्पविद्युत संयंत्र का सैद्धांतिक आरेख।

1. वाष्पित्र; 2. सौर संकेंद्रक; 3. जल;
4. जल-पंप; 5. विद्युजनित्र;
6. वाष्प-संघनित्र; 7. शीतकारी-जलपंप;
8. वाष्प-चर्खी; 9. वाष्प।

तापक्रम-करीब 5800K[1] —से अधिक तापक्रम नहीं प्राप्त किया जा सकता। इसका कारण यह है कि गर्म की जाने वाली वस्तु विकिरण सिर्फ ग्रहण ही नहीं करती, बल्कि स्वयं भी विकिरण करती हे। जितना ही अधिक उसका ताप बढ़ता है, उतना ही अधिक वह विकिरण करती है। यदि उसका तापक्रम सूर्य की सतह के तापक्रम जितना हो जायेगा, तो उसे और आगे गर्म करना असंभव हो जायेगा: वस्तु जितना ताप प्राप्त करेगी, उतनी ही अधिक विकिरणित भी करेगी।

विकिरण-स्रोत के तापक्रम से अधिक तापक्रम तक पिंड का गर्म होना तापप्रवेगिकी के द्वितीय नियम का उल्लंघन है और इसीलिए यह असंभव है।

सौर वाष्पवैद्युत संयंत्र का सैद्धांतिक आरेख ताविक के आरेख से (दे चित्र पृ. 20 पर) निम्न बातों में भिन्न है : इसके वाष्पित्र की बनावट कुछ अलग है और इसमें एक अतिरिक्त अंग है—सौर संकेंद्रक। सौर वाष्पवैद्युत संयंत्र का निर्माण अधिक कठिन नहीं है, पर इस प्रकार के संयंत्रों के विस्तृत उपयोग में मुख्य बाधा इनके निर्माण का मूल्य है, जो काफी महंगा पड़ता है (यदि मोटा-मोटी देखें, तो प्रकाशवैद्युत रूपांतरक वाले सौर विद्युतकेंद्रों से करीब 5 गुना सस्ता है, पर ताविक से अब भी 5-10 गुना महंगा पड़ता है)। इसीलिये विद्युत-ऊर्जा के उत्पादन में सौर ऊर्जा का कारगर ढंग से विस्तृत उपयोग करने के लिए, अर्थात् सौर विद्युकेंद्रों के निर्माण के लिए, सबसे पहले विशिष्ट निवेश को कम करना जरूरी है।

जहां तक ताप की प्राप्ति के लिए सौर ऊर्जा के उपयोग का प्रश्न है, तो अब तक उपलब्ध तकनीकी और आर्थिक सूचकांक इस प्रकार के सौर संयंत्रों का विस्तृत पैमाने पर (विशेष कर अच्छे सौर विकिरण वाले क्षेत्रों में) निर्माण करने की संभावना inku djrsgSa b'KsKkdsvudqkj rki dhikfr dsfy, lkSjlakk50° दक्षिणी अक्षांश से 50° उत्तरी अक्षांश के क्षेत्र में आर्थिक दृष्टि से अभी ही लाभकर सिद्ध हो चुके हैं (दे. चित्र पृ. 80 पर)।

ताप की प्राप्ति के लिए सौर संयंत्र सौर ऊर्जा के संकेंद्रकों के साथ बनाये जा सकते हैं, या इसके बिना भी। संकेंद्रक के उपयोग से तापवाहक (या किसी भी गर्म की जाने वाली वस्तु) का तापक्रम कहीं अधिक ऊँचा किया जा सकता है। पर इससे संयंत्र महंगा हो जायेगा। बिना संकेद्रक के अधिकांशतः घर गर्म रखने वाले संयंत्रों, खारा पानी को मीठा करने के लिए सौर-मृदुकारियों, घरेलू कामों के लिए उपकरणों, फल सुखाने वाले संयंत्रों आदि का निर्माण किया जाता है।

उदाहरण के रूप में सौर जल-मृदुकारी संयंत्र देखें (पृ. 81)। मृदुकारी का काय ऊपर से काँच से बंद है। यह काँच स्पेक्ट्रम के दृश्य भाग वाली सूर्य-किरणों के

---

1. सौर तल का तापक्रम काफी कम होता है, बनिस्बत कि उसमें गहराई पर स्थित परतों के तापक्रम से, 100-150 लाख K तक पहुँचता है।

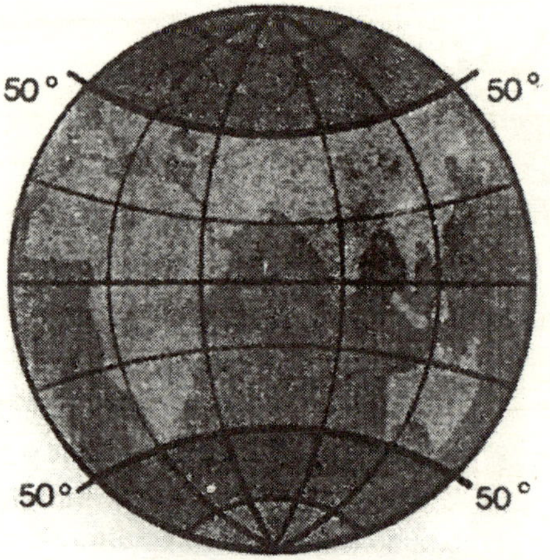

अधिकतम लाभ के साथ सौर ऊर्जा का उपयोग करने वाले कटिबंध

लिए पारदर्शी है; वह उन्हें नहीं रोकता है। पर मृदुकारी, जो उल्टा विकिरण करता है (स्पेक्ट्रम के अवरक्त क्षेत्र में), उसके लिए यह काँच अपारदर्शी होता है। इस प्रकार, काँच मृदुकारी को सौर किरणों के लिए 'चूहेदानी' में परिणत कर देता है। बरतन में अत्यधिक लवण वाला (खारा) पानी ढालते हैं, जिसे मीठा करना है। सौर विकिरण से प्राप्त ताप के कारण पानी वाष्प में परिणत होता है, जो फिर काँच की निचली (आंतरिक) सतह पर संघनित होता है (निचली सतह का तापक्रम परिवेशी तापक्रम के निकट होता है,–बर्फ से बने लेंस को स्मरण करें)। चूँकि काँच नत (ढालू) होता है, इसलिए लवणमुक्त संघनित जल छेद के सहारे निचले बरतन में जमा होता है, जहाँ से उसे एक नली की सहायता से प्राप्त किया जा सकता है।

यह नहीं भूलना चाहिए कि दिन भर के दरमियान सौर विकिरण स्थिर नहीं रहता; और इसीलिए घर गर्म रखने वाले तथा कुछ अन्य प्रकार के सौर संयंत्रों में ताप-संचायक भी जोड़ना पड़ता है। इसकी भूमिका पानी का टब निभा सकता है, जो सूरज के विकिरण से गर्म होता है। पर घर गर्म रखने वाले सामान्य संयंत्रों को ऐसा सौर संयंत्र पूरी तरह विस्थापित नहीं कर सकता। फिर भी, इस उद्देश्य के लिए सौर संयंत्रों का उपयोग लाभदायक ही है, क्योंकि ये 50-60% इंधन की बचत करते हैं।

अधिक ऊँचा तापक्रम प्राप्त करने के लिए प्रयुक्त कुछ सौर संयंत्रों में सौर विकिरण के संकेंद्रक लगाये जाते हैं। ऐसे संयंत्र धातु पिघलाने वाली भट्ठियों में होते हैं (जब बिल्कुल शुद्ध धातु प्राप्त करने की आवश्यकता होती है)। इसके संकेंद्रकों की नाभि पर तापक्रम इतना ऊँचा हो जाता है कि उसकी तुलना सूर्य की सतह

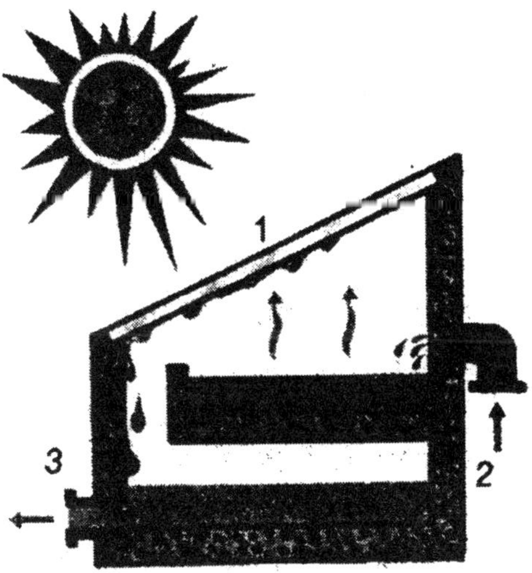

सौर जल-निखारक।
1. काँच; 2. खारा पानी; 3. मीठा पानी।

के तापक्रम के साथ की जा सकती है (उदाहरणतया, फ्रांस में, पेरिनी के पर्वत पर बनी एक सौर भट्ठी से 3000°C से अधिक तापक्रम प्राप्त होता है)।

ज्यातापीय ऊर्जा–आधुनिक विज्ञान के अनुसार पृथ्वी की गहराइयों में स्थित परतें बहुत अधिक गर्म होती हैं (पृथ्वी के नाभिक का तापक्रम संभवत5 5000°C तक है) और इसीलिये उनका 'ठोसपन' (ठोस अवस्था) सापेक्षिक है। पृथ्वी का ठोस वर्तुल, जिसे अक्सर 'ठोस पृथ्वी' भी कहते हैं, तीन मंडलों से बना होता है : पपंटी, जिसकी मुटाई 7 से 130km तक (सागर के नीचे) होती है; चोगा करीब 2900km की गहराई तक होता है; पृथ्वी का नाभिक (दे. चित्र पृ. 83 पर)। पृथ्वी के 'ठोस' वर्तुल की त्रिज्या करीब 6371km है।

निर्धारित किया गया है कि पृथ्वी की परतों का तापक्रम गहराई के साथ-साथ बढ़ता है। यथा, 50km की गहराई पर तापक्रम 700-800°C के करीब होता है, 500km की गहराई पर–करीब 1500-2000°C, 1000km की गहराई पर–करीब 1700-2500°C, 2900km की गहराई पर (नाभिक और चोगा की सीमा के पास)–लगभग 2000-4700°C, और, अंततः, पृथ्वी के केंद्र पर, अर्थात् 6371km की गहराई पर–करीब 2200–5000°C

गहराई के साथ-साथ तापक्रम में वृद्धि तापीय प्रवाह की विद्यमानता से समझायी जा सकती है, जो पृथ्वी के नाभिक से 'ठोस' पृथ्वी की सतह की ओर अग्रसर होता रहता है। इस प्रवाह का कारण पृथ्वी में निहित रश्मिसक्रिय तत्त्वों के क्षय से उत्सर्जित

होते रहने वाला ताप है।

आधुनिक विज्ञान के अनुसार पृथ्वी का इतिहास निम्न है। पृथ्वी उल्कापिंडों के समूह से बनी थी। पृथ्वी के बनते समय ही उसके नाभिक का तापक्रम 700-2000^{0}C हो गया था। उम्मीद की जाती है कि पृथ्वी पिघले हुए रूप में कभी भी नहीं थी। वैसे, पृथ्वी के नाभिक के बारे में सभी वैज्ञानिकों के मत एक जैसे नहीं हैं। इसके बाद पृथ्वी की गहराइयों पर स्थित परतें मुख्यतः रश्मिसक्रिय तत्वों के क्षय के कारण गर्म होने लगी। 'ठोस' पृथ्वी के नाभिक से उसकी सतह की दिशा में ताप-प्रवाह उत्पन्न हुआ। माना जाता है कि पृथ्वी की गहराई में स्थित परतें अभी भी धीरे-धीरे गर्म होती जा रही हैं और उनका तापक्रम करीब 1 करोड़ वर्ष में कुछेक डिग्री ऊँचा हो जाता है। पृथ्वी की सतह ठंडी होता जा रही है, पर यह क्रिया और भी धीमी है।

पृथ्वी के केंद्र से परिसर की दिशा में अग्रसर ताप-प्रवाह की शक्ति पृथ्वी पर आने वाले सौर विकिरण की शक्ति से करीब 4000 गुनी कम है, पर दुनिया के सभी विद्युकेंद्रों की कुल शक्ति से लगभग 30 गुनी अधिक है। पृथ्वी के क्रोड़ से सतह तक आने वाला ताप प्रकीर्णित होता है (औसतन 0.05W/m^2) और पृथ्वी के जलवायु पर कोई प्रभाव नहीं डालता। पृथ्वी के नाभिक और चोगा में बहुत अधिक ताप संचित है और इसीलिए उसे उपयोग में लाने का विचार अस्वाभाविक नहीं माना जा सकता। पर ज्यातापीय ऊर्जा का भंडार कितना बड़ा है? यहाँ हमारा तात्पर्य ताप की उस मात्रा से है, जो 5-10 km की गहराई पर स्थित परतों को धरातल के तापक्रम तक ठंडा करने से प्राप्त हो सकती है। इसमें कोई शक नहीं है कि इस विधि से निर्धारित ज्यातापीय ऊर्जा-भंडार का मान महज औपचारिक होगा।

यदि चरम गहराई को 5 km तक सीमित रखा जाये, तो ज्यातापीय ऊर्जा का भंडार करीब 4.10^{18} kJ या $1.4.10^{14}$ टबइ होगा। ज्यातापीय ऊर्जा के भंडार का यह कलित मान पृथ्वी पर सभी प्रकार के जैव इंधनों के कुल भंडार जितना है। पर यह भी याद रखें कि ज्यातापीय ऊर्जा का हमारे द्वारा कलित भंडार व्यवहारतः पुनर्भर है। अब प्रश्न उठता है कि वर्तमान समय में ज्यातापीय ऊर्जा का किस प्रकार से उपयोग हो रहा है।

ज्यातापीय ऊर्जा–यह ऐसा ताप है, जो भूगत गर्म पानी और जलवाष्प में निहित है या गर्म शुष्क पर्पटों से प्राप्त हो सकता है। पानी का तापक्रम अधिकांश स्थितियों में बहुत ऊँचा नहीं होता–100^{0}C से भी कम, और गर्म स्रोतों का तापक्रम, जैसा कि पाठकों का याद होगा, एक महत्त्वपूर्ण सूचकांक है, जिसके आधार पर उसके उपयोग की वांछनीयता और कारगरता के बारे में निर्णय लिया जाता है। इसके अतिरिक्त, गर्म पानी और साथ ही वाष्प के भंडार बहुत बड़े नहीं हैं। ज्यातापीय ऊर्जा का अधिकांश भाग शुष्क पर्पटों में संकेंद्रित है। इसके अतिरिक्त, तप्त पानी

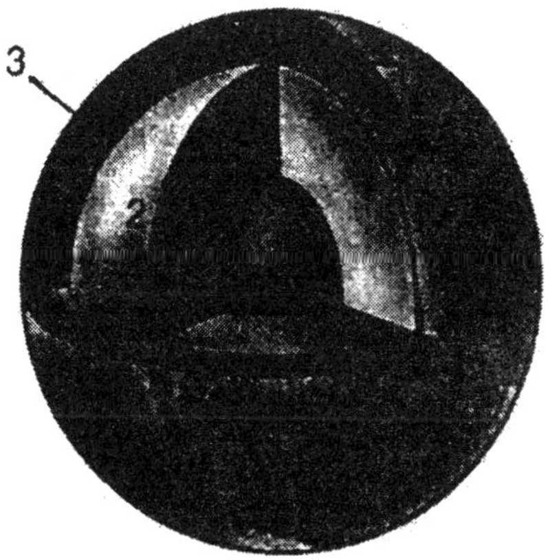

पृथ्वी का 'ठोस' वर्तुल।
1. नाभिक; 2. चोगा; 3. पर्पट।

या वाष्प पृथ्वी की सतह पर अपेक्षाकृत कम ही निकलते हैं और जब निकलते हैं, तो उष्णोत्स या गर्म कुंड (स्रोत) के रूप में। अधिकांश स्थितियों में उन्हें बाहर निकालने के लिए जमीन में छेद करना पड़ता है। लेकिन इसके बावजूद भी ज्यातापीय ऊर्जा का उपयोग अब तक सिर्फ गर्म पानी और वाष्प के रूप मे हो रहा है, जो स्वतःस्फूर्त रूप से सतह फोड़ कर निकलते है; और वह भी सिर्फ गर्म करने के लिए।

जहाँ तक तप्त शुष्क शैल के ताप का प्रश्न है, तो उसकी प्राप्ति के लिए अब तक कोई व्यावहारिक काम नहीं संपन्न किया गया है। कारण सिर्फ कठिनाइयां हैं। ऐसी विधि, जिसे सचमुच में कार्यन्वित किया जा सकता है, अभी सिर्फ एक है : एक-दूसरे से पर्याप्त दूरी पर पृथ्वी में गहरे छेद बनाये जाएँ; एक में ठंडा पानी डाला जाये और दूसरे उसे गर्म रूप में निकाल लिया जाय। तात्पर्य यह है कि पानी एक छेद से दूसरे छेद के बीच गर्म पर्पट से निस्यंदित हो जाता है।

लेकिन तप्त शैल को ऐसी रूप-रेखा कैसे दी जाये कि उससे गुजरने वाली कम व्यास वाली बहुसंख्यी नलियों से बहता हुआ पानी आवश्यक निम्नतम तापक्रम तक गर्म हो जाये (नलियों का व्यास कम ही होना चाहिए, अन्यथा तापविनिमायक सतह कम पड़ेगी और पानी बहुत कम गर्म होगा)? इस तरह का काम पूरा करने में अंदाजन कितना खर्च बैठेगा? इन जैसे जटिल प्रश्नों का कोई निश्चित उत्तर अभी तक नहीं है।

इस प्रकार, ताप-उपभोक्ताओं की मांग पूरी करने के लिए ज्यातापीय ऊर्जा के उपयोग की समस्या अद्यतन और ज्वलंत है।

इस क्षेत्र में जिस वैज्ञानिक व तकनीकी स्तर तक हम आज पहुँच चुके हैं,

उसके आधार पर हम घरों को गर्म रखने के लिए पृथ्वी की सतह पर स्वतःस्फूर्त निकलने वाले गर्म पानी और वाष्प के ताप का विस्तृत उपयोग कर सकते हैं।

ज्यातापीय ऊर्जा के उपयोग से संबंधित अन्य महत्त्वपूर्ण प्रश्न (गर्म पानी और भाप निकालने के लिए जमीन में छेद करना, गहराई में स्थित शुष्क तप्त शैलों का ताप काम में लाना, विद्युत-ऊर्जा प्राप्त करना) तभी हल हो सकते हैं, जब इस दिशा में विभिन्न खोज-कार्य संपन्न होंगे, तकनीकी व आर्थिक कदम उठाये जाएँगे।

पवन और अन्य पुनर्भर ऊर्जा-स्रोत–भौतिकी में एक अवधारणा है परम कृष्ण पिंड। यह ऐसे पिंड को कहते हैं, जो अपने पर आपतित सारे विकिरण को अवशोषित कर लेता है। लेकिन वास्तविकता में ऐसा कोई पिंड नहीं होता; हम इस काल्पनिक परम कृष्ण पिंड के साथ वास्तविक पिंडों (भूरे या धूसर पिंडों) की तुलना के लिए कृष्णता-गुणांक प्राप्त करते हैं, जो तुलनीय पिंड और परम कृष्ण पिंड की अवशोषण-क्षमताओं का अनुपात है। कुछ वास्तविक पिंड (जैसे कालिख) अपने गुणों के अनुसार परम कृष्ण पिंड के निकट होते हैं।

पृथ्वी-तल के भिन्न क्षेत्रों के कृष्णता-गुणांक भिन्न होते हैं और इसीलिए सौर विकिरण उन्हें भिन्न तापक्रमों तक गर्म करता है। वातावरण की निचली परतें भी समान रूप से गर्म नहीं होतीं। इसके फलस्वरूप समान ऊँचाई पर वातदाब समान नहीं रह जाता—क्षैतिज तल पर दाबों का (असमान) वितरण मिलता है, जो वृहत वायु-पिंतों को स्थानांतरित करता है, पवन-धाराएं उत्पन्न करता है।

पवन का वेग और उसकी दिशा भी असमान रहते हैं। 5-8m/s वेग वाला पवन शांत समीर कहलाता है, 14m/s से अधिक वेग वाला—तेज हवा, 20-25m/s वेग वाला—आँधी और 30m/s से अधिक वेग वाला—झंझा। कुछ परिस्थितियों में पवन-वेग 100m/s तक पहुँच सकता है।

पृथ्वी पर आगत सौर विकिरण का करीब 2% अंश पवन-ऊर्जा में परिणत हो जाता है। पवन ऊर्जा का बहुत बड़ा पुनर्भर भंडार है। उसकी ऊर्जा का पृथ्वी के किसी भी क्षेत्र में उपयोग किया जा सककता है। कठिनाई सिर्फ इस बात की है कि हवा में ऊर्जा बहुत प्रकीर्णित रूप से विद्यमान रहती है और पवनवेग स्थिर नहीं रहता।

सोवियत संघ में और्जिकी के बहुत से विशेषज्ञ यह मानते हैं कि पवन-ऊर्जा का उपयोग भविष्य के दृष्टिकोण से लाभदायक है। दो दिशाओं में काम चल रहे हैं : अपेक्षाकृत छोटे (15kW शक्ति वाले, और अधिकांशतः इससे भी कम शक्ति वाले) संयंत्रों का निर्माण, जिनका उपयोग मुख्यतः पानी पंपित करने और वैद्युत संचायकों को निराविष्ट करने में होता हैः; विद्युत-ऊर्जा के उत्पादन के लिए अधिक शक्तिशाली पवन-चलित्रों का निर्माण तथा विकास।

सोवियत संघ की उद्योग-शाखाएँ पवन-संयंत्र सर्वप्रथम दूरस्थ कृषि उत्पादन

केंद्रों के लिए बनाया करती हैं; वर्तमान समय में 10 हजार से अधिक ऐसे संयंत्र काम कर रहे हैं। विद्युत-ऊर्जा के उत्पादन के लिए शक्तिशाली पवनोर्जी संयंत्र, जो सोवियत संघ, संयुक्त राज्य अमेरिका, फ्रांस, पश्चिमी जर्मनी तथा कुछ अन्य देशों में बनाये जा रहे हैं, अभी प्रयोगाधीन है।

पुनर्भर ऊर्जा-स्रोतों में समुद्र के ज्वार और उसकी तरंगों की ऊर्जा भी आती है। समुद्री ज्वार-भाटा, जैसा कि हम जानते है, चाद (मुख्यतः) और सूरज के गुरुत्वाकर्षण-बल से उत्पन्न होने वाला सागर-तल का आवर्ती दोलन है।

न्यूटन के नियमानुसार चांद के गुरुत्वाकर्षण-बल के प्रभाव से जल-मंडल की सतह वर्तुलाकार से दीर्घवृत्तज रूप में आ जाती है, जिसका वृहत अक्ष चांद की ओर उन्मुख होता है (दे. चित्र) है। यह स्मरण दिला दें कि न्यूटन ने सरलता के लिए यह मान लिया था कि पृथ्वी की सारी सतह पानी में डूबी हुई है। अपनी धुरी के गिर्द पृथ्वी के घूर्णन के कारण ज्वार की प्रकृति आवर्ती होती है—24 घंटों के दरमियान दो बार ज्वार होता है और दो बार भाटा। सागर-तल का महत्तम दोलन न्यूटन के अनुसार सिर्फ 1m (आवर्ती परिवर्तन) है।

पवन-संयंत्र

पर वास्तविकता में सागर सारी पृथ्वी को आच्छादित नहीं करते और तट-रेखा अनियमित आकृतियों की होती है, इसलिये ज्वार की विशालता और उसकी प्रकृति सिर्फ चाँद, सूरज और पृथ्वी की पारस्परिक स्थितियों पर ही नहीं, बल्कि भौगोलिक अक्षांश, समुद्र की गहराई और तट-रेखाओं पर भी निर्भर करती हैं। कुछ स्थलों पर तटवर्ती सागर-तल में 10-15m तक या इससे अधिक का अंतर आ जाता है। उदाहरणार्थ ला-मांचा (इंग्लिश चैनल) की तट-रेखाओं पर कहीं-कहीं ज्वार का मान 15 मीटर तक पहुँच जाता है, ओखात्सक सागर की पेंज उपखाड़ी पर—13m और श्वेत सागर के तट के कुछ बिंदुओं पर 10m तक। कनाडा के अतलांतिक महासागर के तट पर कहीं-कहीं ज्वार का मान 18m तक भी पहुँचता है।

अब तक सिर्फ दो ज्वार-विद्युकेंद्र (ज्वारविक) बने हैं, जो अपेक्षाकृत बड़े हैं इनमें से एक 1966 में फ्रांस की रांस नदी पर बनाया गया था और दूसरा—1968 में सोवियत संघ में बारेंत्स समुद्र के तट पर मूरमंस्क शहर के पास, किस्लागूब का ज्वारविक। इसकी शक्ति 800kW है।

ज्वाररिक की संरचना सिद्धांततः सरल है (दे. चित्र)। पहले ऐसी जगह चुनी जाती है, जहाँ बहुत बड़े ज्वार उत्पन्न होते हैं। चित्र में ऊँचाई h, ज्वार और भाटा के समय सागर तलों का अंतर है। बाँध के निर्माण से ही जलाशय भी बन जाता है। संयंत्र 'उत्क्रमणीय' होना चाहिए, ताकि वह जलचर्खी-चलित्र के रूप में ज्वार और भाटा दोनों ही के समय दोनों ही दिशाओं में काम कर सके (चित्र में भाटा के समय की स्थिति दिखायी गयी है)। समझना कठिन नहीं है कि जलचर्खी-चलित्र व्यवहारतः कभी भी पूर्ण दबाव (शक्ति) पर काम नहीं करता।

पृथ्वी के सभी सागरों और महासागरों की कुल क्षमता 3 अरब kW में आँकी गयी है। यह बहुत बड़ी मात्रा है। पर हमारे विचार में विस्तृत पैमाने पर ज्वारविकों

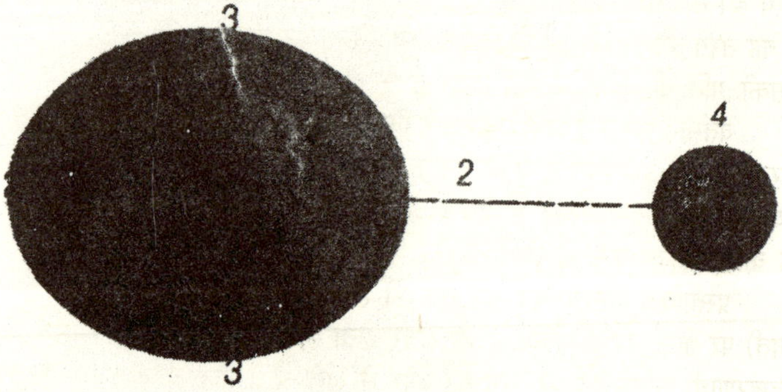

ज्वार-भाटा की उत्पत्ति।

1. पृथ्वी; 2. ज्वार; 3. भाटा; 4. चांद।

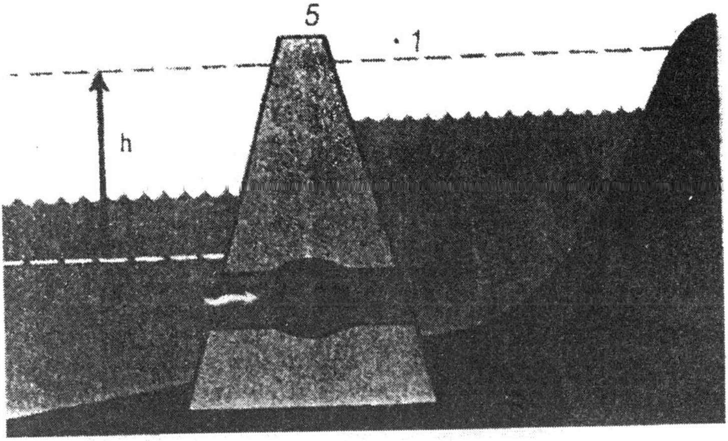

ज्वार-विद्युकेंद्र का सरलीकृत आरेख

1. पानी का उच्चतम स्तर; 2. जलाशय; 3. उत्क्रमणीय जलचर्खीजनित्र;
4. पानी का निम्नतम स्तर; 5. बांध

के निर्माण का भविष्य संदेहजनक है। बात यह है कि जिन स्थानों पर ज्वारविकों का निर्माण अर्थसंगत हो सकता है, उनकी संख्या 30 से अधिक नहीं हैं और उनकी कुल क्षमता 10 करोड़ kW से अधिक नहीं होगी। इसके अतिरिक्त, नामत शक्ति पर ज्वारविकों के काम करने के घंटों की कलित संख्या (साल भर के दौरान) बहुत कम है, जबकि उनके निर्माण का मूल्य जविक से बहुत अधिक है।

एक और पुनर्भर ऊर्जा-स्रोत को संक्षेप में देखते हैं। यह है—सागर-तरंगें। ये पवन से उत्पन्न होती हैं और उनकी ऊर्जा समुद्री सतह की अवस्था द्वारा निर्धारित होती है। सागर-तरंगों की औसत वार्षिक शक्ति पर्याप्त बड़ी है, अधिकांश स्थितियों में वह तरंग की 1m लंबाई के लिए दसियों किलोवाट के बराबर है (तरंग की लम्बाई उसकी गति की दिशा के अभिलंब नापते हैं)।

वर्तमान समय में सभी एकमत हैं कि तरंगों की ऊर्जा का खुले समुद्र में उपयोग करना अधिक अर्थसंगत है, न कि तट के पास (थपेड़ों की ऊर्जा का उपयोग करना), क्योंकि इस अंतिम स्थिति में घर्षण और तरंगी गति के सापेक्ष प्रतीप जल-संचार के कारण ऊर्जा कम हो जाती है।

प्रस्तावित विधियों का सार एक ही हैं : तरंग-शिखर और अंतरातरंगी स्थान (गर्त) पर पानी की ऊँचाइयों में जो अंतर होता है, उसे काम में लाना। इसके लिए, उदाहरणार्थ, सागर-तल पर नीचे की ओर से खुले औंधे डब्बे के आकार का अचल चबूतरा (दे. चित्र) रखा जा सकता है, जो तरंगों के साथ दोलन न करे (यह जरूरी है कि चबूतरे की रैखिक मापें तरंग की लंबाई से बहुत बड़ी हों)। चबूतरा नीचे से

सागर-तरंगों की ऊर्जा का उपयोग करने वाले हवाई चलित्र का आरेख।
1. हवाई चर्खियां; 2. चबूतरा; 3. सागर-तरंगों की गति की दिशा।

खाली है व हवा से भरा है। ये स्थान बाड़ों (दीवारों) से खंडों में विभक्त हैं, जिससे वह वायु-चलित्र के लिए खोखले बेलनों का काम करता है। तरंगें चबूतरे के नीचे से गुजरते समय खंडों में स्थित हवा को बारी-बारी से दबाती जाती हैं। जब कोई खंड तरंग-शिखर के ऊपर होता है, तब उसमें स्थित हवा का आयतन घट जाता है, हवा संपीडित होती है और उसका दाब बढ़ जाता है। जब खंड दो तरंगों के बीच के स्थान के ऊपर होता है, तब उसमें हवा का दाब घट जाता है। तरंगे पिस्टन का काम करती हैं। इसके कारण तरंगों के गुजरने के साथ-साथ खंड में दाब बारी-बारी से घटता-बढ़ता रहता है। अब यदि अधिक दाब वाले खंड से कम दाब वाले खंड में हवा के प्रवाहित होने की व्यवस्था कर दी जाये (हवा के प्रवाह की दिशा भी खंडों में दाब के बढ़ने-घटने के साथ-साथ आवर्ती ढंग से बदलती रहेगी), और हवा के मार्ग में विद्युत-चलित्र से जुड़ी पवन-चर्खियाँ लगा दी जाएँ तो संयंत्र समुद्री तरंगों की ऊर्जा को विद्युत-ऊर्जा में परिणत करने लगेगा। निस्संदेह समुद्र की स्तब्ध (शांत) अवस्था में यह संयंत्र काम नहीं करेगा। उपरोक्त कार्य-सिद्धांत वाले संयंत्र जापान में प्रयुक्त हो रहे हैं; इनसे प्लव (प्रकाश-संकेत देने वाले पानी पर तैरते हुए पीपे) को विद्युत-ऊर्जा मिलती है।

ऐसे भी संयंत्र हैं, जिनमें समुद्री तरंगों की ऊर्जा का विद्युत ऊर्जा में रूपांतरण जल-चर्खियों की सहायता से होता है। पर यह सब अभी शुरूआत ही है।

प्रत्यक्ष ऊर्जा-रूपांतरण की विधियां—ये तापीय ऊर्जा से विद्युत-ऊर्जा के उत्पादन की विधियाँ हैं, जिनमें ऊर्जारूपांतरण के मध्यवर्ती चरणों की संख्या कम कर दी जाती है और विद्युत-ऊर्जा प्राप्त करने की प्रक्रिया सरल हो जाती है। अक्सर तापीय ऊर्जा

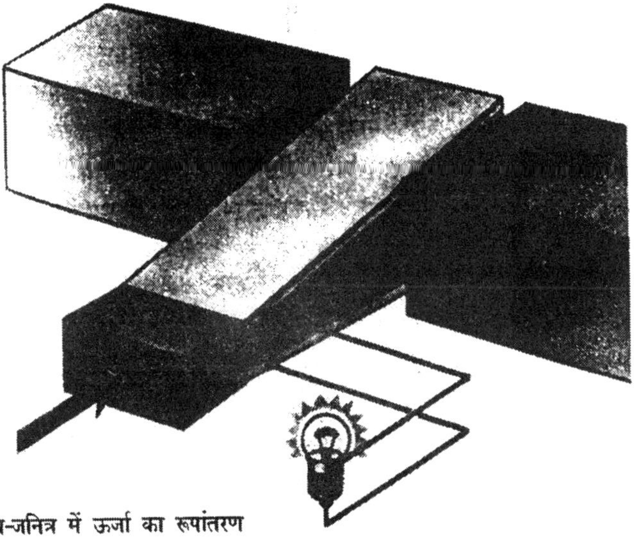

चुंबजप्र-जनित्र में ऊर्जा का रूपांतरण

की यांत्रिक ऊर्जा में परिणति वाले मध्यवर्ती चरण का उन्मूलन किया जाता है। यदि प्रत्यक्ष ऊर्जा-रूपांतरण की विधियों को अधिक व्यापक अर्थ में लिया जाये, तो इनसे विद्युत-ऊर्जा को सिर्फ तापीय ऊर्जा से ही नहीं, बल्कि रसायनिक ऊर्जा से (इंधनी बैटरियों में) और विद्युचुंबकीय विकिरण की ऊर्जा से भी (प्रकाशवैद्युत रूपांतरकों में) प्राप्त किया जा सकता है।

हम चुंबकीय जलप्रवेगिक (चुजप्र) विधि के साथ आपका परिचय कराते हैं। बड़ी मात्रा में विद्युत-ऊर्जा प्राप्त करने की यह सबसे अधिक विकसित विधि है। तापीय ऊर्जा को विद्युत-ऊर्जा में परिणत करने की चुजप्र विधि का सार निम्न है। जैव इंधन (जैसे प्राकृतिक गैस) जलाने से दहन-उत्पाद बनते हैं। यह जरूरी है कि उनका तापक्रम $2500^{0}C$ से कम नहीं हो। इस तापक्रम पर गैस विद्युचाली हो जाती है, प्लाज्मा की अवस्था में आ जाती है। इसका अर्थ है कि गैस का आयनन होने लगता है, उसके अणुओं से एलेक्ट्रोन अलग होने लगते हैं। $2500^{0}C$ से अधिक मान वाले इस अपेक्षाकृत कम तापक्रम पर प्लाज्मा का केवल आंशिक आयनन होता है : उसमें सिर्फ आयनन के उत्पाद–विद्युताविष्ट स्वतंत्र एलेक्ट्रोन और आयन (अणुओं के एलेक्ट्रोन खोने से बने धनाविष्ट कण)–ही नहीं होते, पूर्णतया सुरक्षित अनायनित अणु भी होते हैं।

जितना ऊँचा तापक्रम होगा, गैस का आयनन भी उतना ही अधिक होगा और फलस्वरूप उसकी विद्युचालकता भी बढ़ेगी। करीब 10 हजार डिग्री तापक्रम पर कोई भी गैस पूर्णतया आयनित हो जाती है, उसमें सिर्फ स्वतंत्र एलेक्ट्रोन और परमाणु-नाभिक

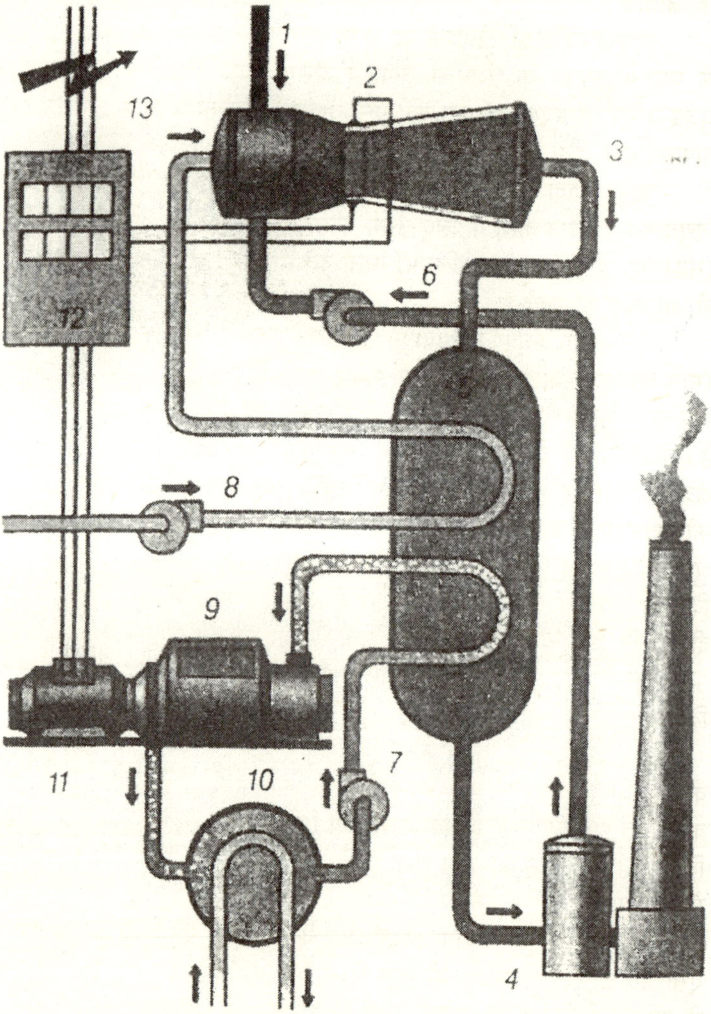

विवृत चक्र वाले चुंबजप्र-विद्युकेंद्र का आरेख।

1. इंधन; 2. चुंबजप्र-जनित्र; 3. दहनोत्पाद;

4. मिश्रक-पुनर्जनित्र; 5. तापविनिमायक-वाष्पजनित्र; 6. मिश्रक;

7. पोषक-पंप; 8. ठंडी हवा; 9. वाष्प-चर्खी;

10. वाष्प-संघनित्र; 11. विद्युजनित्र;

12. उत्क्रामक-उपकेंद्र; 13. गर्म हवा।

रह जाते हैं।

तापनाभिकीय प्रतिक्रियाओं का वर्णन करते वक्त हमने उच्च तापक्रमी प्लाज्मा के बारे में बताया था, जिसका तापक्रम दसियों लाख डिग्री में नापा जाता है। चुजप्र-जनित्रों में प्रयुक्त प्लाज्मा को निम्न तापक्रमी प्लाज्मा कहते हैं, क्योंकि इसका तापक्रम कम होता है, कुछ हजार डिग्रियों में नापा जाता है।

दहन-उत्पादों की निम्न तापक्रमी प्लाज्मा को करीब 2500^0C तापक्रम पर पर्याप्त विद्युचालकता प्रदान करने के लिए उसमें सरलतापूर्वक आयनित होने वाला कोई द्रव्य (सोडियम, पोटाशियम या सीजियम) मिला देते हैं। द्रव्यों के वाष्प कम तापक्रम पर ही आयनित हो जाते हैं।

प्लाज्मा सरलतापूर्वक आयनित होने वाले द्रव्य के साथ 2600^0C तापक्रम पर (मान लें) चुजप्र-जनित्र की नाल में प्रविष्ट होती है (दे. चित्र), और तापीय ऊर्जा कम होने के कारण ध्वनि के निकटवर्ती या इससे भी अधिक वेग तक त्वरित होती है। नाल में बहते वक्त प्लाज्मा विशेष रूप से सर्जित विशाल प्रेरणा वाले चुंबकीय क्षेत्र की बल-रेखाओं को काटती हुई गुजरती है। यदि प्रवाह की दिशा चुंबकीय क्षेत्र की बल-रेखाओं के साथ लंब हो और प्लाम की विद्युचालकता, प्रवाह का वेग तथा चुंबकीय क्षेत्र का प्रेरण पर्याप्त बड़े हों, तो विद्युप्रवेगिकी के नियमानुसार प्रवाह की दिशा व चुंबकीय क्षेत्र की बल-रेखाओं के अभिलंब नाल में एक दीवार से दूसरी दीवार की ओर विद्युत-धारा उत्पन्न होती है, जो प्लाज्मा से गुजरती है।

इसके लिए नाल के आमनेसामने की दीवारों पर वाह्य परिपथ से जुड़े हुए विद्युद (एलेक्ट्रोड) होने चाहिए।

हम देखते हैं कि चुजप्र-जनित्र का कार्य-सिद्धांत साधारण यांत्रिक विद्युजनित्र के कार्य-सिद्धांत से भिन्न नहीं है। दोनों में विद्युचालक चुंबकीय क्षेत्र की बल-रेखाओं को काटते हुए गुजरते हैं, जिसके फलस्वरूप विद्युवाहक बल उत्पन्न होता है। यांत्रिक विद्युजनित्र में चालक का काम रोटर में विद्युचालक धातु करता है और चुजप्र-जनित्र में—विद्युचालक प्लाज्मा का प्रवाह।

प्लाज्मा से गुजरने वाली विद्युत-धारा की चुंबकीय प्रवाह के साथ व्यतिक्रिया ऐसा बल उत्पन्न करती है, जो नाल में प्लाज्मा की गति को मंद करता है। इसी से प्लाज्मा के प्रवाह की गतिज ऊर्जा विद्युत-ऊर्जा में परिणत होती है।

चुजप्र-जनित्र में क्या बात हमें आकर्षित करती है?

जैसा कि हम जानते हैं, तापीय चलित्र का दक्षता-गुणांक बढ़ाने के लिए काजकर पिंड का आरंभिक ताप बढ़ाना पड़ता है। पर ताविक के तापीय चलित्रों—वाष्प-चर्खियों—में जलवाष्प का आरंभिक तापक्रम 540^0C से अधिक नहीं होता। इसका कारण यह है कि चर्खी के सबसे अधिक उत्तरदायित्व निभाने वाले अंगों (विशेषकर पंखुड़ों) पर एक ही साथ ऊँचे तापक्रम और अत्यधिक यांत्रिक भार का प्रभाव पड़ता है। चुजप्र

की नाल में कोई गतिशील अंग है ही नहीं, और इसीलिये संरचना के सर्वाधिक उत्तरदायी अंगों के निर्माण में प्रयुक्त धातु पर यांत्रिक जोर कुछ अधिक नहीं पड़ता। चुजप्र-जनित्र का सबसे बड़ा लाभ यही है।

आप आपत्ति उठा सकते हैं कि 2600°C तापक्रम सहन करने वाला कोई द्रव्य नहीं है। फिर चुजप्र-जनित्र बना कैसे जायेगा?

इस तरह का द्रव्य सचमुच में नहीं है। संरचना के उच्च तापक्रमी अंगों को ठंडा करना पड़ता है (अक्सर पानी से)। लेकिन संरचना के अचल अंगों को, जैसे चुजप्र-जनित्र में, ठंडा करना एक बात है और घूर्णनरत (और वह भी बहुत बड़े वेग से, जैसे चर्खियों में) अंगों को ठंडा करना बिल्कुल दूसरी बात है।

चुजप्र-जनित्र की नाल से निकलने के बाद भी दहन-उत्पादों का तापक्रम बहुत ऊँचा रहता है, करीब 2000°C । इस तापक्रम पर प्लाज्मा की विद्युत-चालकता पर्याप्त नहीं रह जाती, और इसीलिये चुजप्र-जनित्र में प्रक्रिया को जारी रखना लाभकर नहीं होता। पर चुजप्र-जनित्र की नाल से निकलते वक्त दहन-उत्पादों का तापक्रम अत्यधिक ऊँचा होता है (वाष्पित्र की भट्ठी से भी ज्यादा) और उनकी तापीय ऊर्जा को निस्संदेह उपयोग में लाना चाहिए। इस समस्या का हल संयंत्र को दो चरणों में बाँट देने से हो सकता है (दे. चित्र)।

कक्ष में इंधन, सरलता से आयनित होने वाला द्रव्य और तप्त आक्सीकारक (सामान्यतया आक्सीजन से सांद्रित हवा) डाले जाते हैं। करीब 2600°C तापक्रम पर स्थित दहन-उत्पाद टोंटी द्वारा चुजप्र-जनित्र की नाल[1] में आते हैं और नाल से (करीब 2000°C तापक्रम पर) वाष्जनित्र में आते हैं। यहाँ निकासरत गैसों द्वारा प्रदत्त ताप से पानी गर्म होता है, वाष्प बनता है तथा वाष्प और अधिक तप्त होता है। वाष्पजनित्र या किसी अलग वायुताप संयंत्र में कक्ष की ओर जाने वाले आक्सीकारक को थोड़ा गर्म कर लिया जाता है। सरलता से आयनित होने वाले द्रव्य को वाष्प-जनित्र से अलग ले जाया जाता है और दुबारा उपयोग में लाया जाता है। चित्र में दर्शित आरेख का वाष्पवैद्युत भाग ताविक और परविक के आरेखों से सिद्धांततः भिन्न नहीं है।

चुजप्र-विद्युकेंद्रों का मुख्य लाभ यह है कि उनका दक्षता-गुणांक बहुत अधिक हो सकता है, संभवतः 50-60% तक[2]। सबसे अच्छे ताविक में यह सिर्फ 40% होता है। अधिकतर कार्यतर और निर्माणाधीन चुजप्र-संयंत्र (जो सिर्फ प्रायोगिक हैं या उद्योग में प्रयोगाधीन हैं) गैसीय इंधन से चलने वाले हैं। पर आगे चल कर अन्य ताविकों

---

1. चित्र में नाम का सिर्फ आरेख दिया गया है। चुंबकीय क्षेत्र उत्पन्न करने वाला चुंबक-तंत्र, विद्युत धारा को बाहर ले जाने वाला तंत्र और नाल ठंडा करने वाला तंत्र चित्र में नहीं है।

2. चुजप्र-विद्युकेंद्रों के दक्षता-गुणांक के मानों का परास इतना लम्बा होने का कारण यह है कि इनमें विभिन्न प्रकार के तकनीकी समाधान प्रयुक्त हो सकते हैं और आक्सीकारक का तापक्रम भी भिन्न ऊँचाइयों तक पहुँचाया जा सकता है (1500 से 2000°C तक)।

की तरह इनमें भी कायेले का उपयोग अधिक लाभकर सिद्ध होगा। चुजप्र-विद्युकेंद्रों का एक अन्य महत्त्वपूर्ण लाभ भी है—इसको चलाना बहुत सुगम है क्योंकि चुजप्र-चरण पर इसका काम पूर्णतया रोका जा सकता है।

चुजप्र-विद्युकेंद्र का चित्र में दर्शित आरेख विवृत (खुला) आरेख कहलाता है, क्योंकि उस स्थिति में चुजप्र-जनित्र का काजकर पिंड दहन-उत्पाद है, जो नाल और वाष्प-जनित्र से गुजरने के बाद वातावरण में विक्षिप्त हो जाते हैं।

शक्तिशाली चुजप्र-जनित्र बनाते वक्त जटिल वैज्ञानिक व तकनीकी समस्याओं का सामना करना पड़ता है। इनमें से एक है चुजप्र-नाल के लिए सामग्री, जिनसे तप्त दीवारें और विद्युद बन सकें। निस्संदेह, तीव्र शींतन के सहारे दीवारों और विद्युदों का तापक्रम वांछनीय बिंदु तक कम किया जा सकता है, ताकि संयंत्र दीर्घकाल तक काम कर सकें। लेकिन इससे शीतकारी जल के साथ ताप का बहुत बड़ी मात्रा में क्षेप होगा, चुजप्र-जनित्र का दक्षता-गुणंक घट जायेगा और साथ ही दीवार व विद्युद के पास स्थित प्लाज्मा की परतें ठंडी होने लगेगी, उनकी विद्युचालकता कम हो जायेगी, जनित्र अच्छी तरह से काम नहीं करेगा।

समस्या यह है कि ऐसी निर्माण-सामग्री का आविष्कार किया जाये, जिससे बनी दीवारें और विद्युद अधिक तापक्रम पर दीर्घकाल तक विश्वसनीय रूप से काम कर सकें। विद्युद के लिए निर्माण-सामग्री के रूप में जिर्कोनियम डायक्साइड से बहुत आशा है और तप्त दीवारों के लिए धातुओं के आक्साइड, विशेषकर मैग्नीशियम आक्साइड से बहुत कुछ अपेक्षा की जाती है।

चुंबक-तंत्र बनाना भी कोई सरल काम नहीं है, विशेषतः ऐसी स्थिति में, जब प्रेरण 5-6T (50-60 हजार गौस) के बराबर होना चाहिए और नाल की लंबाई करीब 20m होनी चाहिए। सबसे ज्यादा लाभदायक अतिचाली चुंबक-तंत्र माना जाता है, जो द्रव हीलियम से ठंडा होता रहता है।

अन्य जटिल समस्याएं भी हैं, जिनका हल जरूरी है। विशेष तौर पर वैद्युत उत्क्रामक बनाना जरूरी है, जो स्थिर धारा को परिवर्ती धारा में बदल सके। चुजप्र-जनित्र स्थिर धारा प्राप्त होती है)। सरलता से आयनित होने वाले द्रव्य को अलग ले जाने के लिए प्रयुक्ति और विशेष प्रकार के वाष्प-जनित्र का निर्माण भी आवश्यक है।

इतनी कठिनाइयों के बावजूद भी सोवियत संघ में ऊर्जा के चुजप्र-रूपांतरण के क्षेत्र में काफी विकास हुआ है, इतना कि 500MW शक्ति का एक औद्योगिक चुजप्र-संयंत्र भी बनाया जा चुका है। उम्मीद है कि भविष्य में अधिक शक्तिशाली चुजप्र-संयंत्र परविकों में प्रयुक्त होने लगेंगे। इस स्थिति में दहन-कक्ष का काम परमाणुक रिएक्टर करेगा और दहन-उत्पादों की जगह सरलता से आयनित होने वाली गैस, जैसे हीलियम, प्रयुक्त होगी। स्वाभाविक है कि हीलियम संवृत परिपथ में संचार करेगा

(चुजप्र-विद्युकेंद्र का ऐसा आरेख संवृत कहलाता है), इसलिये सरलता से आयनित होने वाले द्रव्य के रूप में सीजियम नामक धातु प्रयुक्त हो सकेगा। यह महंगा होगा, पर इससे प्लाज्मा की विद्युचालकता बहुत बढ़ जायेगी। इसका मतलब है कि हीलियम सीजियम के प्लाज्मा का तापक्रम और भी कम हो सकता है : करीब 1500^{0}C (विवृत आरेख जैसा 2600^{0}C नहीं)। अतः परमाणुक रिएक्टर में हीलियम को 1500^{0}C से कम नहीं गर्म होना चाहिए। इतना उच्च तापक्रमी परमाणुक रिएक्टर अभी तक नहीं है। पर उम्मीद की जा सकती है कि इसके लिए सिर्फ कुछ समय की आवश्यकता है।

ऊर्जा के प्रत्यक्ष रूपांतरण की अन्य विधियों में अधिक दिलचस्प हैं—प्रकाशवैद्युत रूपांतरक (इनके बारे में 'सौर ऊर्जा' नामक अनुच्छेद में कुछ बताया जा चुका है), तापवैद्युत जनित्र, तापीय-उत्सर्जी रूपांतरक और इंधनी बैटरियों का उपयोग। पर अधिक ऊर्जा-उत्पादन के लिए इन विधियों का भविष्य कहाँ तक उज्ज्वल है, यह अभी स्पष्ट नहीं है। इसीलिये इन्हें बहुत संक्षेप में देखेंगे।

तापवैद्युत जनित्र का कार्य जेएबेक-प्रभाव पर आधारित है, जिसे भौतिकी में लोग अच्छी तरह से जानते हैं। इसका सार यह है कि जब विद्युत-परिपथ के भिन्न अवयवों की संधियों पर तापक्रम भिन्न होता है, तब परिपथ में विद्युवाहक बल उत्पन्न होता है। चित्र में इस प्रकार का एक परिपथ दिखाया गया है। इसमें दो तार हैं—एक तांबे का और दूसरा कंसटांटेन (तांबे और निकेल के धातुमिश्र) का। यह परिपथ तापक्रम नापने में प्रयुक्त होता है। तारों की एक संधि नापे जाने वाले तापक्रम (t_1) पर रखा जाता है। दूसरा जोड़ स्थायी तापक्रम (t_0) पर रहता है, जैसे पानी और बर्फ के मिश्रण में, जिसका तापक्रम व्यावहारिकतः अपरिवर्तित रहता है। विद्युवाहक बल का मान गैल्वेनोमीटर से ज्ञात करते हैं, जिसके आधार पर (t_1) बहुत अधिक परिशुद्धता से ज्ञात किया जा सकता है।

यदि विभिन्न द्रव्यों (सामान्यतया अर्धचालकों) को शृंखल क्रम में जोड़कर विद्युत-परिचथ बनाया जाए, या अन्य शब्दों में, यदि विभिन्न तापसंधियों से विद्युत-परिपथ बनाया जाए, तो तापविद्युत-जनित्र प्राप्त होगा। इस तापवैद्युत जनित्र से उत्पन्न विद्युवाहक बल तापविद्युत-जनित्र (ताविज) में लगी तापसंधियों की संख्या का समानुपाती होता है।

तापसंधि चुजप्र-जनित्रों की तरह ही तापीय ऊर्जा को वैद्युत ऊर्जा में रूपांतरित करती है। इसलिये तापसंधि का दक्षता-गुणांक तापप्रवेगिकी के दूसरे नियम द्वारा नियंत्रित होता है।

खेद की बात है कि तापवैद्युत जनित्र अभी भी बहुत महंगे हैं और उनका दक्षता-गुणांक कुछ ज्यादा नहीं है। इसीलिए उनका उपयोग नियमतः छोटे और स्वतंत्र ऊर्जा-स्रोतों के रूप में होता है।

यदि कोई ठोस पिंड (धातु, अर्धचालक) निर्वात में रखा जाए, तो इस पिंड

के एलेक्ट्रोन एक नियत संख्या में निर्वात में आ जाएँगे।[1] इस संवृत्ति को तापवैद्युत उत्सर्जन कहते हैं और ऐलेक्ट्रोन उत्सर्जित करने वाले ठोस पिंड को उत्सर्जक कहते हैं। उत्सर्जक का तापक्रम जितना अधिक होगा, एलेक्ट्रोनों का उत्सर्जन भी उतना ही अधिक होगा। एलेक्ट्रोनों के उत्सर्जन की प्रक्रिया में उत्सर्जक ठंडा होता है। एलेक्ट्रोनोत्सर्जन के शुरू होने के कुछ समय बाद (पिंड को निर्वात में रखने के कुछ समब बाद) सतुलन स्थापित होता है : इकाई समय में जितने एलेक्ट्रोन उत्सर्जित होते हैं, उतने ही पिंड पर वापस आ जाते हैं (इसे एलेक्ट्रोनों का संघनन कहते हैं)। संतुलन की स्थिति में आने के बाद ठोस पिंड और ठंडा नहीं होता।

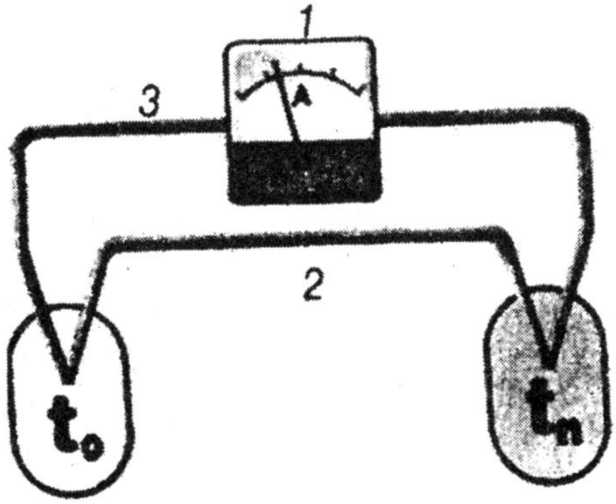

तापबैटरी।

1. गैल्वेनोमापी; 2. कंसटैंटन; 3. तांबा।

पर यह सब कुछ दूसरी तरह से भी किया जा सकता है : निर्वात में दो पिंड (दो विद्युद) रखते हैं और एक को (उत्सर्जक विद्युद को) गर्म करते हुए अधिक उच्च तापक्रम पर रखते हैं; दूसरे पिंड (समाहर्ता विद्युद) से ताप को दूर करते रहते हैं, ताकि उसका तापक्रम अधिक निम्न बना रहे। यदि अब उत्सर्जक और समाहर्ता को वाह्यक विद्युत-परिपथ के साथ जोड़ दिया जाए, तो उसमें धारा बहने लगेगी, इस प्रकार की प्रयुक्ति धारा-स्रोत होगी, जिसे ताप-उत्सर्जनी रूपांतरक (ताउरू) कहते हैं। ताउरू (ताविज की तरह ही) तापीय ऊर्जा को यांत्रिक ऊर्जा में परिणत किए बगैर ही उसे विद्युत-ऊर्जा में परिणत करता है, इसलिए ताउरू की भी वे ही सीमाएं हैं, जिन्हें तापप्रवेगिकी का दूसरा नियम निर्धारित करता है।

यदि ताउरू से बड़ी मात्रा में विद्युत-ऊर्जा प्राप्त हो सकती और उसके मुख्य तकनीकी व आर्थिक सूचकांक (मूल्य और दक्षता-गुणांक) अच्छे होते, तो ताउरू के

1. यह संवृत्ति द्रवों के साथ भी प्रेक्षित होती है।

रूप में और्जिकी के पास प्रत्यक्ष ऊर्जा-रूपांतरण के सिद्धांत पर काम करनेवाला एक अच्छा विद्युत-जनित्र होता।

वर्तमान समय में ताउरू के तकनीकी-आर्थिक सूचकांक उस सीमा तक नहीं पहुँचे हैं, जो और्जिकी को संतुष्ट कर सके। इसीलिए तापविद्युत-जनित्र की तरह ताउरू भी सिर्फ उन्हीं परिस्थितियों में प्रयुक्त होता है, जब अपेक्षाकृत लघु शक्ति की जरूरत पड़ती है। पर ताउरू के सूचकांकों में सुधार के लिए काफी तेजी से काम किया जा रहा है।

इंधनी बैटरी में रासायनिक ऊर्जा को सीधा विद्युत-ऊर्जा में परिणत किया जाता है। इंधनी बैटरी का कार्यसिद्धांत क्या है और उसकी बनावट कैसी होती है ?

हाइड्रोजन को ऑक्सीजन के परिवेश में जलाया जा सकता है। परिणामस्वरूप पानी बनेगा और ताप विलगित होगा, जिसे तापवैद्युत चलित्र में उपयोग कर सकते हैं। इंधनी बैटरी में एक दूसरा रास्ता अपनाया जाता है : हाइड्रोजन-दाह की प्रतिक्रिया को दो चरणों में बाँटा जाता है; प्रथम चरण में सिर्फ हाइड्रोजन भाग लेता है और दूसरे चरण में—ऑक्सीजन।

इंधनी बैटरी का आरेख चित्र में दिखाया गया है। बैटरी में विद्युविश्लेषक और दो विद्युद होते हैं (एक पर हाइड्रोजन आता रहता है दूसरे पर—ऑक्सीजन)। इंधनी बैटरी और विद्युत-संचायक में मुख्य अंतर यह है कि इंधनी बैटरी में इंधन और आक्सीकारक (दी हुई स्थिति में हाइड्रोजन और ऑक्सीजन) अविराम भरते रहते हैं।

हाइड्रोजन धातुई विद्युद पर आते वक्त तीन प्रावस्थाओं—ठोस विद्युद, विद्युविश्लेषक और गैसीय प्रावस्था—की सीमा पर होता है, इसलिए वह परमाणुक अवस्था में संक्रमण करने लगता है (उसके अणु परमाणुओं में टूटने लगते हैं) और उसके परमाणु मुक्त एलेक्ट्रोनों और परमाणुक नाभिकों (आयनों) में विभक्त होने लगते हैं। एलेक्ट्रोन धातु में चले जाते हैं और परमाणुओं के नाभिक-घोल (विद्युविश्लेषक) में। इसके फलस्वरूप विद्युद ऋणाविष्ट एलेक्ट्रोनों से संतृप्त हो जाता है और विद्युविश्लेषक-धनाविष्ट आयनों से।

इसी तरह की प्रक्रिया दूसरे विद्युद पर भी चलती है, जिस पर ऑक्सीजन आता रहता है। विद्युद की सतह पर चालू प्रक्रियाओं के फलस्वरूप उस पर धन विद्युत-आवेश आते हैं। इसके अतिरिक्त, ऋणाविष्ट आयनOH भी उत्पन्न होते हैं; ये विद्युविश्लेषक में ही रह जाते हैं और हाइड्रोजन के आयनों के साथ मिलकर पानी बनाते हैं।

यदि दोनों विद्युदों को वाह्य परिपथ के साथ जोड़ दिया जाए, तो उसमें विद्युत-धारा बहने लगेगी (दे. चित्र)। इस प्रकार से रासायनिक ऊर्जा विद्युतऊर्जा में परिणत होती है। चूँकि इंधनी बैटरी में रासायनिक ऊर्जा के तापीय ऊर्जा में रूपांतरण का मध्यवर्ती चरण अनुपस्थित होता है, इसलिए उसका दक्षता-गुणांक उन बंधनों से मुक्त होता है, जो तापीय चलित्रों पर लागू होते हैं। हाइड्रोजन-ऑक्सीजनी इंधनी

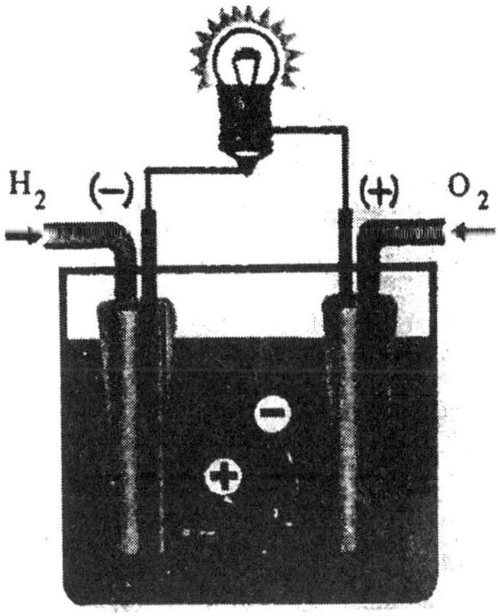

इंधन-बैटरी का आरेख।
1. विद्युविश्लेषक

बैटरी कम तापक्रम पर काम करती है और उसका दक्षता-गुणांक सरलतापूर्वक 65-70% तक पहुँच सकता है।

यह न सोचें कि इंधनी बैटरी बनाना आसान है। इंधनी बैटरी के विचार का प्रादुर्भाव 19वीं शती के मध्य में ही हो गया था, पर उसके विस्तृत उपयोग के लिए अभी तक कोई ढंग की बनावट नहीं मिली है।

इंधनी बैटरी के निर्माण में कई कठिनाइयाँ हैं : सभी प्रक्रियाओं को बड़े वेग से कार्यान्वित करना (वृहत परम व विशिष्ट शक्ति प्राप्त करने के लिए आवश्यक शर्त्त); निर्माण-सामग्रियों का चयन और उच्च कोटि के विद्युदों का निर्माण; उच्च कारगरता वाले विद्युविश्लेषक की खोज (विद्युविश्लेषक ठोस भी हो सकता है और दव्र भी; यह इंधनी बैटरी के प्रकार पर निर्भर करता है); सस्ते इंधन से काम चलाने की संभावना।

हमारा युग इंधनी बैटरियों के उपयोग का आरंभिक चरण है। जब वृहत शक्ति की आवश्यकता नहीं पड़ती, तभी इनका उपयोग होता है, और वह भी सिर्फ स्वतंत्र ऊर्जा-स्रोत के रूप में। विद्युरसायन-क्षेत्र के बहुत बड़े विशेषज्ञ अकादमीशियन फ्रूमकिन की मान्यता थी कि इंधनी बैटरियों का पहला उपयोग अंतरिक्षी उपकरणों में होगा, जिनको कम शक्ति वाले धारा-स्रोतों की जरूरत होती है, तथा औटोगाड़ियों (यदि और सही कहें, तो विद्युगाड़ियों) में होगा। अंतरिक्षी उपकरणों में इंधनी (हाइड्रोजन-आक्सीजनी) में होगा। अंतरिक्षी उपकरणों में इंधनी (हाइड्रोजन-आक्सीजनी) बैटरियों का उपयोग अब होने ही लगा है, पर जहाँ तक विद्युगाड़ियों का सवाल

है, फिलहाल सिर्फ प्रयोगाधीन नमूने ही बनाये गये हैं। ध्यान देने योग्य है कि इंधनी बैटरियों की विशिष्ट शक्ति वैद्युत संचायकों से कई गुनी अधिक है, पर पेट्रौल वाले चलित्र से करीब 3 गुनी कम है।

अंदाज लगाया जाता है कि आगे चल कर इंधनी बैटरियों का उपयोग वृहत शक्ति की प्राप्ति के लिए भी होगा, लेकिन अभी इसके बारे में कोई भविष्यवाणी नही की जा सकती। हर हालत में पहले यह समस्या हल होनी चाहिए कि हाइड्रोजन व आक्सीजन का उपयोग न हो (यह महंगा पड़ता है), इनकी जगह सस्ते इंधन और आक्सीकारक, जैसे इंधनी गैस (प्राकृतिक गैस या कोयले के गैसीकरण के उत्पाद) और हवा, का उपयोग हो। इस स्थिति में इंधनी बैटरियों के तापक्रम ऊँचे हो जाएँगे, जिससे शायद उनका दक्षता-गुणांक कम हो जायेगा।

कृत्रिम द्रव इंधन–हाइड्रोजन–चूँकि पेट्रोलियम का भंडार सीमित है और कुछ उपभोक्ताओं के लिए पेट्रोलियम के संसाधन से प्राप्त द्रव इंधन जरूरी है, इसलिये कोयले से द्रव इंधन (किरासीन, बेंजोल) प्राप्त करने की समस्या बहुत महत्त्वपूर्ण हो गयी है (कोयले का भंडार कहीं ज्यादा बड़ा है)। समस्या कोई नयी नहीं है, लेकिन इसमें दिलचस्पी पिछले दशक से ही बढ़ी है।

वर्तमान समय में कई देशों में शोध-कार्य और प्रयोग चल रहे हैं, जिनका उद्देश्य कोयले से द्रव इंधन (या, जैसा कि अक्सर कहते हैं, कृत्रिम द्रव इंधन) प्राप्त करने की ऐसी विधि विकसित करना है, जिसके उपयोग से द्रव इंधन का मूल व्यय स्विकार्य हो। यह समस्या अभी तक हल नहीं हुई है।

वर्तमान समय में कोयले को द्रव इंधन में परिणत करने की चार मुख्य विधियाँ हैं : संलेषण, जिसमें दाब के प्रभाव से कोयले को इंधनी गैसों में परिणत किया जाता है (प्रक्रिया का प्रथम चरण) और साथ-साथ जल-वाष्प, हवा या आक्सीजन का उपयोग होता है; विलयन, अर्थात् कोयले का तापीय विलयन जिसमें घोलक के रूप में ऐसे द्रव्य लिए जो हैं, जाते कोयले को आगे संसाधित करते वक्त भी काम आये; हाइड्रोजनीकरण–इस विधि में कोयले को हाइड्रोजन से संतृप्त कराया जाता है, कोयले की हाइड्रोजन युक्त द्रव्यों के साथ उच्च दाब व तापक्रम पर व्यतिक्रिया करायी जाती है; तापविश्लेषण–आक्सीकारक के बिना ही कोयले को गर्म करना। इनमें से किसी भी विधि को बाकी की तुलना में अच्छा कहना कठिन है। प्रत्येक का और आगे विकास करना चाहिए, तब शायद पता चल सके कि किस विधि को (या किन विधियों को) विशेष अच्छा माना जाये।

कोयले का गैसीकरण भी बहुत दिलचस्प माना जाये। कोयले से द्रव इंधन

---

1. ध्यान दें कि कोयले में करीब तीन गुना कम हाइड्रोजन होता है, बनिस्बत कि अन्य द्रव हाइड्रोकार्बनों में, जो मोटरों में द्रव इंधन का आधार होते हैं।

नहीं, गैसीय इंधन प्राप्त की जाती है। बात यह है कि कुछ प्राविधिक प्रक्रियाओं में कोयले का उपयोग कठिन होता है, गैस का उपयोग अधिक लाभदायक होता है। इसके अतिरिक्त (जो कम महत्त्वपूर्ण नहीं है), कोयले से गैस प्राप्त करने से इंधन का परिवहन-व्यय कम करने की संभावना उत्पन्न होती है (गैस का परिवहन कम खर्चीला है)। इंधनी गैस निस्संदेह कोयले के खान के पास प्राप्त करना अधिक लाभदायक है। पर कोयले और गैस के खान अक्सर भिन्न स्थानों पर, एक दूसरे से बहुत दूर होते हैं। इसीलिए कोयले के गैसीकरण से कोयले के खान के समीपवर्ती क्षेत्रों तक प्राकृतिक गैस लाने की आवश्यकता नहीं रह जायेगी।

आखिरी प्रश्न, जिस पर हम विचार करना चाहेंगे, इंधन के रूप में हाइड्रोजन के उपयोग के बारे में है। हाइड्रोजन उच्च ऊष्मा वाली गैस है, जिसका उपयोग विमानन में तथा अन्य उपभोक्ताओं के यहाँ द्रव इंधन की जगह हो सकता है। हाइड्रोजन से बहुत बड़ा लाभ यह है कि उसके दहन से सिर्फ जल-वाष्प बनता है, जिससे वातावरण के दूषित होने का भय नहीं रहता। एक और महत्त्वपूर्ण बात है : पृथ्वी पर हाइड्रोजन इतनी अधिक है कि उसके भंडार को अक्षय मान सकते हैं।

वर्तमान समय में पानी के विद्युविश्लेषण से हाइड्रोजन प्राप्त करने और कम भंडार वाले द्रव इंधन की जगह उसे काम में लाने का प्रश्न विशेष रूप से रोचक है। यदि ऊपर-ऊपर से देखा जाये, तो उपरोक्त बातों का बिल्कुल कोई भविष्य नहीं है। पानी के विद्युविश्लेषण के लिए आवश्यक विद्युत-ऊर्जा प्राथमिक कच्चा माल से 35% अधिक दक्षता-गुणांक के साथ नहीं प्राप्त हो सकती (यहाँ विद्युपरिपथ में ऊर्जा के क्षेप को भी ध्यान में रखा गया है)। मान लें कि पानी के विद्युविश्लेषण से हाइड्रोजन की प्राप्ति का दक्षता-गुणांक 80% है और, अंत में, हाइड्रोजनी इंधन से काम करने वाले चलित्र का दक्षता-गुणांक 40% है। दक्षता-गुणांक के इन तीन मानों (अर्थात् 0.35, 0.8 और 0.4) को आपस में गुणा करने पर 0.11 या 11% प्राप्त होता है। अतः हाइड्रोजन प्राप्त करने और उसे तापीय चलित्र में उपयोग करने की पूरी प्रक्रिया का दक्षता-गुणांक कुछ ज्यादा नहीं है (सिर्फ 11% है)।

लेकिन यह समस्या का सिर्फ एक पक्ष है। यह न भूलें कि कोयले से द्रव इंधन प्राप्त करने में भी बहुत ऊर्जा व्यय होती है और इस प्रक्रिया का दक्षता-गुणांक भी ज्यादा नहीं है। महत्त्वपूर्ण बात यह है कि पानी का विद्युविश्लेषण ऐसे समय में किया जा सकता है, जब विद्युत-ऊर्जा की मांग अपेक्षाकृत कम हो, अर्थात् रात में, दिन में काम से छुट्टी के वक्त; शनिवार, रविवार और त्योहारों के दिन। विद्युत-ऊर्जा फी मांग में दिन या सप्ताह के दरमियान तेजी से उतार-चढ़ाव अर्थ-व्यवस्था में विद्युत-ऊर्जा के आपूर्ति-तंत्र के लिए लाभकर नहीं होता। कारण यह है कि अधिकतर ताविक और परविक रह-रह कर अपनी क्षमता कम नहीं कर सकते। इससे उपस्कर जल्दी घिस-पिट जाते हैं और बहुत ज्यादा नुकान होता है। इसीलिये पानी का

विद्युविश्लेषण करने और हाइड्रोजन प्राप्त करने की प्रक्रिया यद्यपि बहुत खर्चीली है, फिर भी आर्थिक दृष्टिकोण से स्विकार्य हो सकती है।

इसके अलावा, हाइड्रोजन उन रासायनिक प्रतिक्रियाओं से भी प्राप्त हो सकता है, जिनमें हाइड्रोजन-युक्त प्रतिकर्मक तथा उत्प्रेरक भाग लेते हैं। और्जिकी में हाइड्रोजन के उपयोग का भविष्य अच्छा है और इस पर बहुत ध्यान देना चाहिए।

इस प्रकार, और्जिकी और इसके विकास की दिशाओं के बारे में वार्त्ता समाप्त होती है। आशा है कि आधुनिक समाज के जीवन के लिए इतने महत्त्वपूर्ण वैज्ञानिक व तकनीकी क्षेत्र के साथ आपका परिचय लाभदायक सिद्ध हो सकेगा।